油‧酥脆‧美味！

愛上氣炸鍋 100 天

人愛柴 —— 著

歡迎大家跟我一起
用氣炸鍋出好菜

大家好！我是人愛柴，一個愛窩在廚房玩料理的平凡媽媽，從小就很愛跟著爸媽在廚房當幫手，原本只愛玩中餐，但因為生了老二後，選擇離開職場，回歸家庭。照顧小孩、整理家務之於，覺得自己的生活好像還可以多加些什麼？於是，我進而愛上了烘焙⋯⋯，家庭、小孩、中餐、烘焙，讓我每天生活忙碌又充實。在廚房將料理從0到完成，搞東搞西的過程，讓我覺得超紓壓的，而且，當家人朋友們將我的料理吃光光時，真的是很開心。

因為愛吃、愛做、愛分享，所以一開始在自己個人臉書分享日常料理，慢慢的，有越來越多朋友喜歡我的分享，所以在2018年在臉書成立了「愛柴的烘焙料理廚房」粉絲頁，繼續紀錄我家生活跟廚房的543，因此跟更多朋友互動，超讚的。

很愛待在廚房裡，想當然我家廚房工具也是不算少，因為每項工具都有它們好用的地方與缺點。有人一定會說，那不會很浪費錢嗎？我總是會回答，買了有好好使用、發揮它們的所長，一點都不浪費呢！你們說，是不是？

　　總是有人問我，為何會愛上氣炸鍋呢？不是有烤箱了？幹嘛又買同樣功能的氣炸鍋？不會很多餘嗎……？來來來！我跟大家說，烤箱和氣炸鍋的功能雖然差不多，但氣炸鍋的預熱時間短、加熱快，光這兩點就讓時間寶貴的媽媽們愛死了！想像一下，在熱呼呼的廚房做菜，是多累人的一件事！若能有工具可以幫助你快速、輕鬆上菜，你還會覺得它是多餘的嗎？

　　又有人會問，有了氣炸鍋，那這樣是不是就可以不用買烤箱了呢？不……，愛烘焙的我，烤箱一樣是必須的，因為烤箱可以分別調整上下火，對需要比較精準控溫的烘焙作品來說，是很重要的！氣炸鍋也是可以做出烘焙品，但它一次的量太少，對喜歡一次想做大量的人來說，還是需要烤箱的；但若你只是個烘焙新手，偶爾想玩一下、小量製作，那氣炸鍋也是可以勝任的喔！

　　當出版社找我討論要出版氣炸鍋料理工具書時，愛柴我真的超開心，但壓力也不小，畢竟這些都是我家餐桌的日常料理，不過後來想想，家常料理更能貼近每個平凡家庭，所以，這本書我精選了100道氣炸料理，有簡單的、有功夫一點的，希望大家跟我一樣，可以用氣炸鍋輕鬆出好菜！

　　最後，感謝大家支持這本書，愛柴會持續在「愛柴的烘焙料理廚房」繼續上菜！歡迎大家多多來互動喔！

目錄 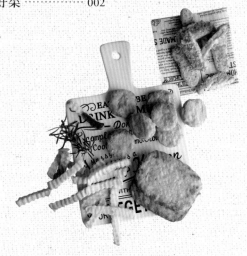 Contents

★ 作者序──歡迎大家跟我一起用氣炸鍋出好菜 ………… 002

★ 快速認識氣炸鍋 ………… 009

★ 氣炸鍋的使用技巧 ………… 011

★ 氣炸料理的好用工具 ………… 015

Part 1　美味早午餐

01　太陽蛋吐司 ………… 020
160℃／8～10min

02　楓糖法式吐司 ………… 021
160℃／8 → 2min

03　氣炸水煮蛋 ………… 022
160℃／8min

04　帶皮馬鈴薯條 ………… 023
180℃／20min

05　氣炸麥克雞塊 ………… 026
200℃／12min

06　氣炸薯餅 ………… 026
200℃／10min

07　氣炸薯條 ………… 027
180℃／8min → 200℃／3min

08　氣炸雞柳條 ………… 027
180℃／8min → 200℃／5min

09　洋蔥圈 ………… 028
180℃／10min

10　氣炸帶皮地瓜 ………… 030
200℃／30min

11　焗烤牛番茄 ………… 031
160℃／6min

12　米熱狗 ………… 032
200℃／10min

13　偽蔥油餅 ………… 034
180℃／8min

14　布丁吐司 ………… 036
160℃／20min

15　氣炸懶人Pizza ………… 038
150℃／8～10min

16　鮭魚香酥飯糰 ………… 040
160℃／8min

Part 2　小吃&開胃菜

DAY 17　孜然七里香 ………… 044
180℃／10min → 200℃／5min

DAY 18　氣炸甜不辣 ………… 045
180℃／8min

DAY 23　五香雞皮 ………… 050
200℃／15min

DAY 19　氣炸雞軟骨 ………… 046
180℃／10min → 200℃／5min

DAY 24　檸檬雞柳條 ………… 052
200℃／10min

DAY 20　氣炸糯米腸 ………… 047
180℃／8min → 200℃／4min

DAY 25　氣炸鹽酥雞 ………… 054
200℃／10min

DAY 21　氣炸蝦餅 ………… 048
180℃／5min → 200℃／10min

DAY 26　夜市烤玉米 ………… 056
180℃／10 → 4→ 2min

DAY 22　椒鹽芋頭條 ………… 049
160℃／15min

DAY 27　小魚乾花生 ………… 058
140℃／15min →150℃／5min

Part 3　豪華肉料理

DAY 28　蜂蜜芥末雞腿排佐蔬菜 …………062
180℃／15min → 200℃／10min

DAY 29　南瓜梅香雞 ………… 064
180℃／30min

DAY 32　氣炸全雞 ………… 070
180℃／20 → 10min

DAY 30　氣炸雞腿排 ………… 066
180℃／10min → 200℃／5min

DAY 33　脆皮香雞排 ………… 072
180℃／10min → 200℃／6min

DAY 31　泰式椒麻雞 ………… 068
180℃／10min → 200℃／5min

DAY 34　豆乳雞 ………… 074
200℃／10min

35 韓式炸雞 ………… 076
200℃／20min

36 氣炸義式香料雞翅 ………… 078
180℃／7min → 200℃／3min

37 法式迷迭香鴨胸 ………… 079
200℃／15min

38 香酥芋頭鴨 ………… 080
200℃／12～15min

39 豬五花蘆筍捲 ………… 082
160℃／10min

40 豬五花豆腐捲 ………… 083
180℃／8min → 200℃／3min

41 蜜汁豬五花捲玉米筍 ………… 084
180℃／8min → 4min

42 孜然甜椒松阪豬 ………… 086
180℃／8min → 5min

43 氣炸香腸 ………… 087
180℃／10min

44 蜜汁叉燒 ………… 088
180℃／20min → 200℃／10min

45 氣炸鹹豬肉 ………… 090
180℃／15min → 200℃／5min

46 氣炸脆皮燒肉 ………… 092
180℃／30min → 200℃／10min

47 氣炸起司豬排 ………… 094
180℃／10min → 200℃／3min

48 骰子牛拌蔬菜 ………… 096
200℃／10min

49 霜降牛排 ………… 098
160℃／6min → 200℃／7min

50 咖哩迷迭香羊小排 ………… 100
180℃／10min → 200℃／5min

Part 4　豐盛海鮮料理

51 氣炸鮭魚 ………… 104
180℃／10min → 200℃／5min

52 氣炸鯖魚 ………… 105
180℃／8min → 200℃／2min

53 紙包比目魚 ………… 106
180℃／10min → 200℃／10min

54 氣炸肉魚 ………… 108
200℃／6 → 6min

55 氣炸土魠魚 ………… 109
180℃／10min → 200℃／6min

56 氣炸香魚 ………… 110
200℃／10 → 10min

57 香酥柳葉魚 ········· 112
200℃／15min

58 炸鮮蚵 ········· 113
180℃／8min

59 鮮蚵豆豉豆腐 ········· 114
180℃／10min

60 氣炸花枝 ········· 116
180℃／8 → 2min

61 泰式檸檬魚 ········· 118
200℃／35min

62 金沙魚皮 ········· 120
200℃／12min

63 鳳梨蝦球 ········· 122
180℃／5min →
200℃／6min → 200℃／2min

64 金沙蝦 ········· 124
200℃／8min

65 氣炸鹽草蝦 ········· 126
200℃／8～10min

66 蝦仁毛豆時蔬 ········· 127
160℃／6min → 180℃／6min

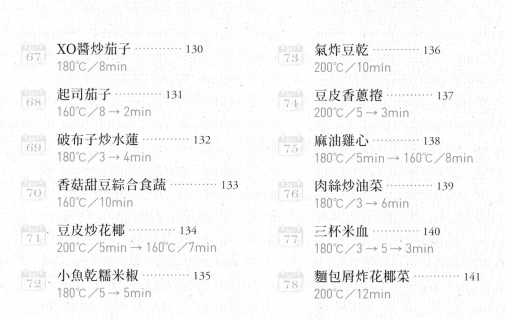

Part 5　台味家常菜

67 XO醬炒茄子 ········· 130
180℃／8min

68 起司茄子 ········· 131
160℃／8 → 2min

69 破布子炒水蓮 ········· 132
180℃／3 → 4min

70 香菇甜豆綜合食蔬 ········· 133
160℃／10min

71 豆皮炒花椰 ········· 134
200℃／5min → 160℃／7min

72 小魚乾糯米椒 ········· 135
180℃／5 → 5min

73 氣炸豆乾 ········· 136
200℃／10min

74 豆皮香蔥捲 ········· 137
200℃／5 → 3min

75 麻油雞心 ········· 138
180℃／5min → 160℃／8min

76 肉絲炒油菜 ········· 139
180℃／3 → 6min

77 三杯米血 ········· 140
180℃／3 → 5 → 3min

78 麵包屑炸花椰菜 ········· 141
200℃／12min

DAY 79 蠔油炒雙菇 ·········· 142
160℃／8 → 2min

DAY 80 酥炸杏鮑菇 ·········· 144
200℃／15 → 5min

DAY 81 奶油絲瓜蛤蜊 ·········· 146
180℃／10 → 10～15min

DAY 82 白醬焗雙菜 ·········· 148
160℃／8～10min

DAY 83 糖醋板豆腐 ·········· 150
180℃／10min → 200℃／3min

DAY 84 羊肉炒芥蘭菜 ·········· 152
200℃／1min →
180℃／2 → 2 → 1min

DAY 85 皮蛋炒地瓜葉 ·········· 154
180℃／3 → 1 → 2 → 2min

DAY 86 乾扁四季豆 ·········· 156
160℃／5min → 180℃／
5min → 200℃／2min

DAY 87 蔬菜烘蛋 ·········· 158
180℃／3 → 6 → 6min

DAY 88 甜椒鑲蛋 ·········· 160
150℃／10 → 5 → 5min

DAY 89 椒鹽皮蛋 ·········· 162
180℃／5 → 3min

DAY 90 三色蛋 ·········· 164
160℃／10 → 5 → 5min

DAY 91 咖哩香腸蛋炒飯 ·········· 166
180℃／3min →
170℃／5 → 5 → 2 → 5min

DAY 92 時蔬炒麵 ·········· 168
180℃／3min → 200℃／5min

Part 6　氣炸鍋點心

DAY 93 氣炸玫瑰戚風蛋糕 ·········· 172
180℃／5min →
150℃／20min → 160℃／10min

DAY 94 氣炸可樂餅 ·········· 175
180℃／5min → 200℃／3min

DAY 95 蜜汁腰果 ·········· 178
160℃／10 → 5min

DAY 96 奶油酥條 ·········· 180
160℃／10 → 5min

DAY 97 葡式蛋塔 ·········· 182
180℃／3min → 160℃／25min

DAY 98 蝴蝶酥 ·········· 186
180℃／8 → 7min

DAY 99 芋頭酥 ·········· 188
200℃／10min

DAY 100 起酥鮭魚 ·········· 190
200℃／8～10min

快速認識氣炸鍋

　　很多人一開始聽到「氣炸」，都很好奇這是什麼新科技啊？其實氣炸鍋的原理和旋風式烤箱相似，就是利用熱風去「烤」東西，而不是炸喔！氣炸鍋上方有一個加熱器（形狀一圈一圈的，炸友們暱稱它叫「蚊香」）會產生高溫熱風，再藉由風扇產生旋風對流的方式，讓食物快速均勻的進行高溫烘烤，把食物本身的油脂逼出來，產生有如「油炸」的效果。

　　因為體積小、操作簡單方便，所以這幾年慢慢累積了許多愛用者，不管是單身貴族、廚藝不佳者、煮婦煮夫們，大家都愛不釋手！氣炸鍋雖然不是萬能，但它卻是個料理好幫手。

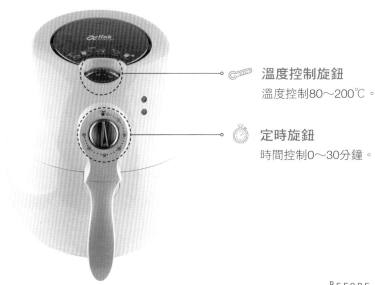

溫度控制旋鈕
溫度控制80～200℃。

定時旋鈕
時間控制0～30分鐘。

氣炸鍋的優缺點比較

優點	1. 幾乎沒有油煙。
	2. 不怕濺油、噴油。
	3. 用油量大幅減少。
	4. 操作簡單方便。
	5. 相較於烤箱,預熱時間更快。
	6. 炸籃設計易取出、好清洗。
	7. 調味變簡單,輕鬆享受食物純粹的風味。
缺點	1. 容量小,食材多時需分次氣炸。
	2. 加熱器跟風扇不易清潔。
	3. 口感無法與真正的油炸食物一模一樣,但酥脆度已經很接近了。

外鍋

可承接氣炸後的多餘油脂。

炸籃

不沾塗層,好清洗。底部有孔洞,可將多餘油脂漏出。

把手

拉開把手即自動斷電,進行氣炸時可隨時拉出查看食材狀態,非常方便。

加熱器 & 風扇

加熱器與風扇位於炸籃上方。由風扇產生旋風對流的方式,讓食物快速均勻的進行高溫烘烤。

氣炸鍋的使用技巧

✳ 氣炸前的入門小技巧

Q 琳瑯滿目的氣炸鍋,該怎麼選擇?

　　氣炸鍋的功能都差不多,所以可以選擇符合自己需求的容量與外型即可。購買任何家電用品,最重要的是一定要選擇檢驗合格的廠商,來路不明、沒有通過檢驗的氣炸鍋,千萬不要購買。我使用的arlink氣炸鍋,就有經過台灣SGS和BSMI相關認證。

我家中使用的arlink氣炸鍋,是經過檢驗合格的品牌。

Q 新機需要開鍋嗎?要如何開鍋?

　　建議新氣炸鍋入手,要先空燒開鍋。空燒的目的是要把新機殘留的味道去除。可直接以200℃空燒10分鐘,空燒完,洗乾淨瀝乾水後,再以200℃、5分鐘烘乾炸籃,即完成開鍋程序。空燒時請打開抽油煙機,讓味道快速散除。也可以放入鳳梨皮氣炸開鍋,幫助去除異味。

✳ 氣炸時的料理小技巧

Q 氣炸食物時，需不需要額外補充油呢？

我給大家的建議是，本身就含油脂的食材，例如肉類、魚類，可以不用噴油或刷油，直接氣炸；但若是不含油脂的食料，例如蔬菜、海鮮類，建議氣炸前要再加點油，才會比較好吃喔！還有，裹粉類和有魚皮的魚，一定也都要抹點油，抹油是美味的關鍵。

另外，氣炸鍋的炸籃雖然都有不沾塗層，但為了能達到最佳效果，每次氣炸料理時，炸籃或容器可以先刷上薄薄的油，再擺上食材，以達最佳不沾效果喔！

有油脂類的食材不用抹油；沒有油脂、裹粉類、有魚皮的魚，都要抹油。

Q 除了炸籃，我可以放入其他容器嗎？

可以，任何可放進烤箱的容器，都可以放入氣炸鍋，例如蛋糕模、不鏽鋼鍋、耐高溫玻璃容器、耐高溫瓷碗盤等，只要可耐高溫、直徑小於氣炸鍋炸籃的容器都可以放入。

以我目前使用的arlink氣炸鍋，型號EC-103這台，只要容器直徑18公分內都可以進得去！當然，現在很多廠商都有專門為氣炸鍋設計的烘烤鍋、烤網、烤盤等，有這些專門器具會更加方便。

只要直徑小於炸籃的耐熱容器，都可以放入氣炸鍋使用。

Q 氣炸期間，可以隨時拉出炸籃檢查嗎？會有危險嗎？

我使用的arlink氣炸鍋，拉出即斷電，不會有安全疑慮，可以隨時拉出確認食材狀態，或是攪拌一下再繼續氣炸。

Q 外鍋容量感覺比較大，可以拆掉炸籃，直接使用外鍋氣炸嗎？

　　雖然外鍋可以拆除，也能放入較多的食材，但是不建議大家拆除使用，因為會影響氣旋效果；不過，若真的需要炸多量，還是可以的。

Q 氣炸料理前，需不需要先預熱？

　　關於預熱問題，只能說見仁見智！預熱是為了「讓食材或半成品在進入氣炸鍋前，就已經是最佳烘烤溫度」而做的準備！所以若是蛋糕、麵包等有時效性的食材，就一定需要預熱，至於其他料理，我覺得就看自己喜好習慣調整，當然有預熱，氣炸時間會比不預熱來的短一些。

不藏私！我的氣炸撇步大公開

1.這樣做，肉料理更酥脆
沾上酥炸粉或地瓜粉兩次，靜置反潮後再氣炸，讓口感更酥脆，例如韓式炸雞、脆皮雞排等。

2.這樣做，蔬菜料理滋味好
氣炸蔬菜料理時，記得都要先抹油再氣炸，避免葉菜過乾。還可利用氣炸肉料理後多餘的油來氣炸蔬菜，省油不浪費。

3.這樣做，魚料理不乾柴
帶皮類或裹粉類食材，氣炸前最好都要刷上一層油，才能讓口感滋潤不乾柴，例如鯖魚、香魚、柳葉魚等等。

4.這樣做，料理更好吃
氣炸期間，可以拉開氣炸鍋攪拌一下再繼續，讓食材受熱更均勻，料理更好吃！

5.這樣做！一次有菜又有肉
炸籃放上你愛吃的蔬菜，再加上蒸烤架，烤架上放油脂多一點的肉類或魚類，氣炸時上面被逼出來的油剛好滴到下面的蔬菜，完成後簡單調味一下，快速完成兩道料理。

✻ 氣炸後的清潔技巧

Q 如何正確清潔使用後的氣炸鍋？

　　氣炸完，趁機器還微溫時，以濕抹布輕輕擦拭機身（氣炸鍋溫度內部高達200℃以上，主機溫度、後出風口溫度高，都是正常的）。炸籃上方的加熱器和風扇，可用天然清潔劑噴在廚房紙巾，濕敷5分鐘，再用小刷子或小牙刷清潔，清潔完畢再用乾淨的廚房紙巾沾水擦拭一次即可。

Q 如何清洗炸籃？

　　炸籃處於非常高溫的時候，請勿用冷水沖洗表面，建議用熱水或溫水沖洗，以免破壞炸籃的不沾塗層。建議於溫熱狀況下以軟性菜瓜布清潔，洗完立即使用氣炸鍋以200℃烘乾5～10分鐘。

　　氣炸後請盡快清洗炸籃，勿置放太久或隔夜才清洗。食物殘留過久會較難清潔，加上用力搓洗也有可能會破壞不沾塗層表面，

Q 氣炸完味道重的食物，如何去除機器上殘留的餘味呢？

　　趁氣炸後機器還有餘溫但不燙手時，用醋水（醋：水＝1：10）清潔機器。或是放入鳳梨、檸檬或柑桔類果皮，加入1米杯水，以200℃烤5～10分鐘，去除異味。

氣炸料理的好用工具

下面列出的這些廚房小工具,都是讓我料理時更順手、氣炸更方便的利器,大家也可以自行選擇使用喔!

矽膠夾

使用率最高的小工具,
因為翻動食材都需要它。
推薦矽膠材質是因為氣炸鍋炸籃
都是不沾塗層,
矽膠材質較不易傷到塗層。

矽膠鍋鏟

炸魚翻面的好幫手!
因為用夾子或筷子翻面很容易四分五裂,
用矽膠鍋鏟翻,就不易失敗,
給你一條美美的魚喔!

替換手把

炸籃容量2.2L覺得太小嗎?
更換手把,直接用底鍋氣炸,
容量直升4.1L,
輕鬆裝下一隻中型全雞。

矽膠刷

便宜好用,食材要補油、
刷油時的好幫手!

不鏽鋼烤網架

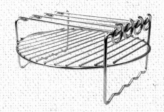

要做串燒類，或要分層氣炸時，
可以更有效的利用氣炸空間。

不鏽鋼串燒叉

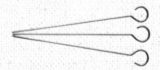

可以用來做串燒料理類的小工具，
節省空間，並讓料理更美味。
請見p.84的蜜汁豬五花捲玉米筍、
p.111的氣炸香魚。

煎魚盤

盤面寬敞、盤底凹凸設計，
炸魚翻面更快速輕鬆。

洞洞烘焙紙

市面有販售不同尺寸帶有孔洞的烘焙紙，
如果怕食物沾黏或希望炸籃更好清洗，
可以鋪一張洞洞紙在炸籃裡，
再放食物氣炸。

不沾塗層烘烤鍋

當你需要製作像是
蛤蜊絲瓜這類湯湯水水的料理時，
有烘烤鍋會更方便。

不沾塗層烘烤盤

跟烘烤鍋是一樣的功能，
很適合用來氣炸披薩或派皮類的料理。

氣壓噴油瓶

補油時的好幫手。
氣壓型噴油瓶，噴出來的分子比較細、比較平均，
但缺點就是要打氣才能產生壓力噴出油來，
噴個幾秒需要再打氣才能繼續。

隔熱手套

氣炸鍋的溫度很高，
取出時最好要戴上隔熱手套，以免燙傷。

電子秤

本書裡的主要食材大多以公克計算，
準備一個電子秤，方便量測。

矽膠刷油罐

這一款刷油罐，
刷子上方可裝入油，
當矽膠刷按壓塗抹食材時，
上面的油就會漏下來，
算是升級版的設計，
也很好用喔！

量匙

我習慣用量匙調味，
量匙由多至少分別是代表：
一大匙、一茶匙、
1/2茶匙、1/4茶匙，
且都是以平匙計量。

PART 1 / BRUNCH
美味早午餐

太陽蛋吐司

為了讓家中兩隻孩子不會賴床,總是要想一些花俏的早餐來吸引他們。
家裡也有難纏小孩的媽媽們,請一同試試這道香氣十足的太陽蛋吐司,
保證簡單又好吃喔!

160℃   8-10min

材料

* 厚片吐司 …… 1片
* 全蛋 …… 1顆
* 玉米粒 …… 適量
* 鹽巴 …… 適量
* 番茄醬 …… 適量

作法

Step 1 用湯匙在吐司中間按壓出一個小凹洞,打入
一顆蛋、鋪上玉米粒,再撒上鹽巴。

Step 2 將吐司放入炸籃,用筷子將蛋黃戳破,比較
容易熟,並在吐司表面噴水,避免太乾。

Step 3 以160℃氣炸8～10分鐘,取出後依個人喜好
加上番茄醬即可享用。

Tips 喜歡吃半熟蛋可氣炸8分鐘,喜歡熟一點的蛋可
氣炸10分鐘。

楓糖法式吐司

早午餐

充滿蛋香、奶香的法式吐司，
淋上甜蜜蜜的楓糖或是蜂蜜，再來一杯咖啡，
當作早餐或下午茶都超享受的。

160℃　8min
160℃　2min

材料

* 厚片吐司 …… 1片　* 全蛋 …… 1顆　* 無鹽奶油 …… 10g
* 蜂蜜或楓糖 …… 1大匙

作法

Step 1　取一個小碗，將蛋、無鹽奶油混合打散（奶油不用先加熱融化，
因為等等氣炸時就會融化了）。

Step 2　將厚片吐司的兩面均勻沾上奶油蛋液。

Step 3　準備一張烘焙紙鋪在炸籃裡，再放入厚片吐司，先以160℃炸8分
鐘，翻面再以160℃炸2分鐘，取出淋上蜂蜜或楓糖即可享用。

鋪上烘焙紙是為了防止蛋液沾黏在炸籃中。

氣炸水煮蛋

用氣炸鍋製作水煮蛋超方便的,10分鐘內就可以搞定,
然後再燙一些綠花椰、紅蘿蔔,就是營養豐盛的早餐。

材料

✳ 常溫蛋(能鋪滿容器底層即可)⋯⋯ 6顆

160℃　8min

作法

Step 1　將常溫蛋鋪在耐熱容器底部後,放入炸籃,以160℃炸8分鐘,
就完成了。

Tips1　怕有些雞蛋殼較薄容易爆開,建議不要將雞蛋直接放入炸籃。

Tips2　一定要使用常溫蛋,不可以是冷藏蛋,以免爆裂。

04

帶皮馬鈴薯條

將馬鈴薯切一切、抹點油、撒點胡椒鹽，丟給氣炸鍋，噹！
皮脆肉鬆的帶皮薯條出爐，簡單卻超級好吃！

  180℃ 20min

材料

* 馬鈴薯（約400g）⋯⋯ 2顆
* 胡椒鹽 ⋯⋯ 適量
* 橄欖油 ⋯⋯ 適量

作法

Step 1 將帶皮馬鈴薯洗乾淨後，切成條狀，
放入滾水中煮3分鐘後撈起瀝乾。

Step 2 將馬鈴薯放入炸籃，在表面均勻地刷
上一層油，再撒點胡椒鹽，以180℃
炸20分鐘，就完成了。

氣炸期間，記得拉開氣炸鍋攪拌一下再
繼續，讓食材受熱更均勻。

人氣炸物
四重奏

雞塊、薯條、薯餅、雞柳條，
這是我們家的冰箱冷凍庫四寶，不管是搭配作早餐，
還是作為小朋友放學肚子餓的點心都很適合。
快速氣炸完成，立即餵食「吰飽吵」的小孩。

氣炸麥克雞塊

200℃　12min

材料

＊ 市售冷凍麥克雞塊 …… 12～15個

作法

Step 1　將市售冷凍麥克雞塊（無須解凍）放入炸籃，以200℃炸12分鐘，就完成了。

Tips1　氣炸期間，記得拉開氣炸鍋翻面一下再繼續，讓食材受熱更均勻。

Tips2　「紅龍」冷凍雞塊是許多網友大力推薦的品牌，大家可以試看看！

氣炸薯餅

200℃　10min

材料

＊ 市售薯餅 …… 3片

作法

Step 1　將市售冷凍薯餅（無須解凍）放入炸籃，以200℃炸10分鐘，就完成了。

Tips　氣炸期間，記得拉開氣炸鍋翻面一下再繼續，讓食材受熱更均勻。

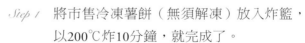

07 氣炸薯條

早午餐

材料

* 市售冷凍薯條 ⋯⋯ 200g

❶ 180℃　8min
❷ 200℃　3min

作法

Step 1　將市售冷凍薯條（無須解凍）放入炸籃，以180℃炸8分鐘，再用200℃炸3分鐘，就完成了。

氣炸期間，記得拉開氣炸鍋攪拌一下再繼續，讓食材受熱更均勻。

炸完後可依個人口味，撒上胡椒粉或其他粉材，增添風味。

08 氣炸雞柳條

材料

* 市售冷凍雞柳條 ⋯⋯ 200g

❶ 180℃　8min
❷ 200℃　5min

作法

Step 1　將市售冷凍雞柳條（無須解凍）放入炸籃，以180℃炸8分鐘，翻面再以200℃炸5分鐘，就完成了。

氣炸期間，記得拉開氣炸鍋攪拌一下再繼續，讓食材受熱更均勻。

炸完後可依個人口味，撒上胡椒粉或其他粉材，增添風味。

DAY
09

洋蔥圈

又香又酥脆的洋蔥圈，保證一上桌大人小孩都搶著吃，
就連原本討厭洋蔥的人也一定會被它的美味吸引！

180℃   10min

材料

✳ 洋蔥 ⋯⋯ 半顆
✳ 全蛋 ⋯⋯ 1顆
✳ 炒過的麵包粉 ⋯⋯ 5大匙
✳ 橄欖油 ⋯⋯ 適量

〔調味麵粉〕

✳ 低筋麵粉 ⋯⋯ 1大匙
✳ 鹽巴 ⋯⋯ 少許
✳ 起司粉 ⋯⋯ 1大匙

作法

Step 1 　將洋蔥切成約1公分厚的圈狀。

Step 2 　製作調味麵粉：將低筋麵粉、鹽、
　　　　起司粉混合攪拌均勻。

Step 3 　將洋蔥圈依序沾上調味麵粉、蛋
　　　　液、麵包粉。

Step 4 　將洋蔥圈放入炸籃，在表面抹點
　　　　油，以180℃炸10分鐘，就完成了。

　　　　氣炸期間，記得拉開氣炸鍋攪拌一下再
　　　　繼續，讓食材受熱更均勻。

　　　　炸完後可依個人口味，撒上胡椒粉或其
　　　　他粉材，增添風味。

DAY 10

氣炸帶皮地瓜

用氣炸鍋製作出來的地瓜，口感綿密，
完全不輸外面市售的烤地瓜，超級好吃！

材料

* 中大型地瓜（每條約230g）⋯⋯ 3條

200°C　30min

作法

Step 1　地瓜不削皮，將整顆地瓜清洗乾淨。

Step 2　放入氣炸鍋以200°C炸30分鐘，就完成了。

TIPS　氣炸期間，記得拉開氣炸鍋翻面一下再繼續，
讓食材受熱更均勻。

早午餐

焗烤牛番茄

只要有牛番茄和起司，就能做出這道看起來厲害又好吃的焗烤牛番茄，香濃多汁，大人小孩都喜歡。

  160℃ 6min

材料

* 牛番茄（切塊）⋯⋯ 1顆
* 黑胡椒粉 ⋯⋯ 1/4茶匙　* 起司絲 ⋯⋯ 約80g　* 鹽巴 ⋯⋯ 適量
* 香料粉（可依個人喜好省略）⋯⋯ 適量

作法

Step 1　將牛番茄切成小塊，加入黑胡椒粉攪拌均勻，平鋪在耐熱容器裡，並在表面撒上起司。

TIPS　可以視個人喜好選擇起司種類，像是起司片、起司絲、巧達起司等皆可。

Step 2　將耐熱容器放入炸籃，以160℃炸6分鐘。炸完後需悶5分鐘再取出，最後撒上鹽巴、香料粉，就完成了。

12

米熱狗

這道米熱狗口感豐富，不僅有酥脆的外皮，
內餡還有加番茄醬、美乃滋調味的白飯和熱狗，
不管當作正餐和小點心都很適合。

早午餐

200℃　10min

材料

* 白飯（約2碗）……400g
* 番茄醬……1.5大匙
* 美乃滋……1.5大匙
* 鹽巴……1/4茶匙
* 熱狗……4條
* 低筋麵粉……適量
* 蛋液……1顆量
* 麵包粉（炒過）……適量
* 橄欖油……適量

作法

Step 1　將白飯加入番茄醬、美乃滋和鹽巴，拌勻備用。

Step 2　將熱狗用滾水煮5分鐘後，切半備用。

Step 3　取一小張保鮮膜，鋪上步驟1約50g的白飯，並在中間放上熱狗，將保鮮膜捲起來塑型，重複此動作做出8份米熱狗。

Step 4　將塑型好的米熱狗，按照順序均勻沾上低筋麵粉、蛋液、麵包粉，放入炸籃再抹上一層油，以200℃炸10分鐘，就完成了。

氣炸期間，記得拉開氣炸鍋翻面一下再繼續，讓食材受熱更均勻。

炸完後可依個人口味，撒上胡椒粉或番茄醬，增添風味。

DAY
13

偽蔥油餅

這道「偽蔥油餅」使用水餃皮來製作，
這就是媽媽懶則變、變則通的快速妙招。
沒時間揉麵糰時，也能快速製作出美味蔥油餅。

材料

* 水餃皮 ⋯⋯ 5張
* 橄欖油 ⋯⋯ 適量
* 胡椒粉 ⋯⋯ 少許
* 蔥花 ⋯⋯ 適量

180℃　　8min

作法

Step 1 將水餃皮用擀麵棍一一擀開，準備做後續堆疊用。

TIPS 一份蔥油餅大約需使用五張水餃皮，可視想要的數量擀水餃皮。

Step 2 取一張水餃皮，刷上一些油，撒上蔥花、胡椒粉，疊上第二張水餃皮，重複刷油、撒蔥花與胡椒粉的動作，直到五張水餃皮堆疊完成。

Step 3 用擀麵棍將疊好的水餃皮稍微擀開來，放入炸籃並將蔥油餅上下兩面都刷上一層油，以180℃炸8分鐘，就完成了。

TIPS 有空時，可以一次做大量的偽蔥油餅，放冰箱冷凍備存，想吃再拿出來快速氣炸。

TIPS 炸完後可依個人口味，撒上胡椒粉或其他粉材，增添風味。

你也可以這樣做

如果使用市售冷凍蔥油餅或蔥抓餅，直接放入炸籃，以200℃炸8分鐘，就完成了。

布丁吐司

吐司放久了容易變乾變硬，這時我就會把它拿來做成布丁吐司，
沾滿牛奶蛋液的吐司，彷彿打了回春劑，變得超級柔軟，
哈哈，這是媽媽不浪費的小祕招！

早午餐

160℃   20min

材料

✽ 吐司（切丁）⋯⋯ 2片
✽ 全蛋 ⋯⋯ 1顆
✽ 砂糖 ⋯⋯ 15g
✽ 無鹽奶油 ⋯⋯ 20g
✽ 牛奶 ⋯⋯ 130g

作法

Step 1　將全蛋、糖和奶油放入鍋子中，用小
火隔水加熱到糖融化，即可熄火。

隔水加熱的水溫度不要高於60℃，不然
會影響蛋液。

Step 2　將牛奶加入步驟1的奶油蛋液中，攪
拌均勻後，利用篩網過篩一次，完成
布丁液。

Step 3　準備一個可放入炸籃的耐熱容器，在
容器四周抹上奶油（材料分量外）防
止沾黏。

Step 4　先將吐司丁放入耐熱容器裡，再倒入
布丁液，靜置一下，讓吐司充分吸滿
布丁液。

Step 5　將容器放入炸籃，以160℃炸20分
鐘，就完成了。

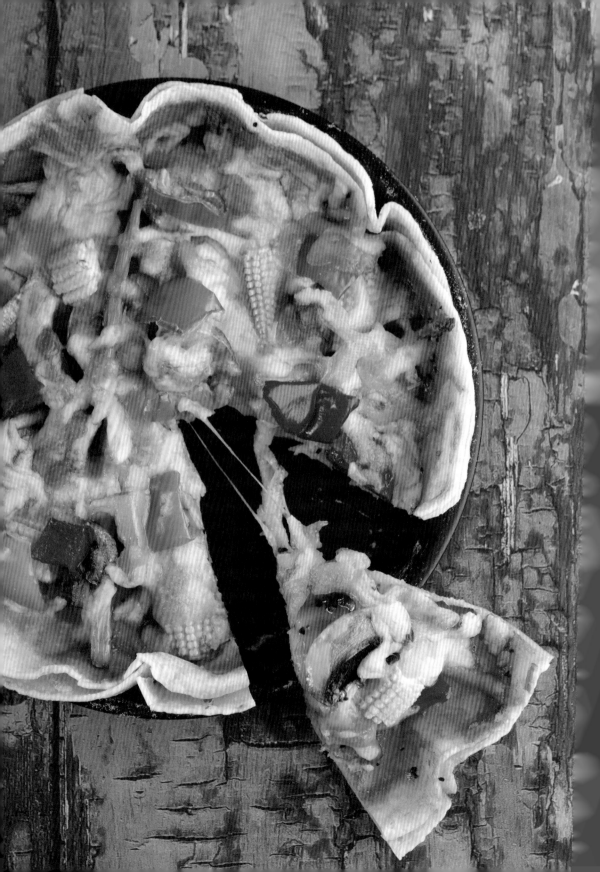

氣炸懶人Pizza

這道懶人Pizza使用蛋餅皮製作，可以省去揉麵團的工夫，
鋪上喜歡的餡料，放入氣炸鍋就完成了，
也是我清冰箱時的好幫手！

早午餐

150℃　8-10min

材料

〔餡料〕

✽ 蘑菇（切片）⋯⋯ 3朵
✽ 熱狗（切片）⋯⋯ 1條
✽ 蘆筍（切段）⋯⋯ 8根
✽ 甜椒（切塊）⋯⋯ 2顆

〔餅皮〕

✽ 冷藏蛋餅皮 ⋯⋯ 2張
✽ 橄欖油 ⋯⋯ 適量
✽ 起司絲 ⋯⋯ 適量
✽ 番茄醬 ⋯⋯ 適量
✽ 黑胡椒粉 ⋯⋯ 適量

作法

Step 1 將所有餡料切成相近大小，放入滾水中燙熟備用。

Step 2 將蛋餅皮鋪在炸籃裡，刷上一層油、撒上起司絲，蓋上第二張餅皮，再刷上一層薄薄的番茄醬，撒上黑胡椒粉，隨意放上步驟1的餡料，再撒上一層起司絲，以150℃炸8～10分鐘，就完成了。

如果家中有番茄肉醬也可以和餡料一起加入再氣炸，會讓Pizza更增添美味。

鮭魚香酥飯糰

把吃不完的白飯、鮭魚拌一拌、捏一捏，
再包上海苔，就變成美味飯糰，
神不知鬼不覺的把剩飯變成美味早餐！

早午餐

160℃　8min

材料（2顆份）

＊ 熟的鮭魚肉 …… 60g
＊ 芝麻香鬆 …… 1大匙
＊ 白飯 …… 300g
＊ 橄欖油 …… 1茶匙
＊ 大片海苔 …… 1片

〔醬料〕

＊ 醬油 …… 1茶匙
＊ 香油 …… 1茶匙
＊ 味噌 …… 1/2茶匙

作法

Step 1　如果使用剛煮好的白飯會容易燙手，
建議放涼再製作；如果使用的是隔夜
飯，從冰箱取出置於室溫回溫。

Step 2　將鮭魚肉撕成小塊狀，與白飯、芝麻
香鬆、橄欖油用手混合捏拌。

Step 3　用保鮮膜將150g的鮭魚飯包覆起來，
再用手整成三角形或任何你愛的形
狀，重點是一定要壓密實，越緊越
好，這樣氣炸完飯糰才不會散掉。

Step 4　將捏好的兩顆飯
糰放入炸籃中，
在兩面刷上調和
好的醬料，以
160℃炸8分鐘。

Step 5　海苔裁成長條狀，包住飯糰即完成。

PART 2 / APPETIZER
小吃&開胃菜

孜然七里香

有沒有人跟我一樣是七里香愛好者，到鹹酥雞攤必點雞屁股。
用氣炸鍋製作不僅簡單又快速，而且將冷凍雞屁股取出直接氣炸即可，
不用退冰，超級快速！

① 180℃　10min
② 200℃　5min

材料

✱ 雞屁股 …… 200g

〔醃漬醬料〕

✻ 醬油 …… 1茶匙
✻ 孜然粉 …… 1茶匙

作法

Step 1 　將雞屁股與所有醃漬醬料用手拌勻，
醃30分鐘。

Step 2 　把雞屁股放入炸籃，先以180℃炸10
分鐘，拉開氣炸鍋稍微攪拌一下，再
用200℃炸5分鐘，就完成了。

DAY 18

氣炸甜不辣

剛氣炸出來的甜不辣超級好吃，
當作點心或宵夜都超幸福，不用怕做失敗，
只怕太好吃會欲罷不能啊！

開胃菜&小吃

冷藏：180℃　8min
冷凍：200℃　8min

材料

＊ 市售甜不辣 …… 約200g

作法

Step 1 　將市售冷藏甜不辣直接放進炸籃，以
180℃氣炸8分鐘，就完成了。如使用
的是冷凍甜不辣，無需解凍直接放入
炸籃，以200℃氣炸8分鐘即可。

 炸完後可依個人口味，撒上胡椒粉或五香
粉，增添風味。

氣炸雞軟骨

將雞軟骨醃漬五分鐘,再放入炸籃炸個幾分鐘,
簡單快速,立即呈現美味小吃!

❶ 180℃ 10min
❷ 200℃ 5min

材料

＊ 雞軟骨 …… 200g

〔醃漬醬料〕

☆ 醬油 …… 1茶匙
☆ 白胡椒粉 …… 1/4茶匙
☆ 雞粉 …… 1/4茶匙

作法

Step 1 將雞軟骨與所有醃漬醬料用手拌勻,
醃5分鐘。

Step 2 把雞軟骨放入炸籃,先以180℃炸10
分鐘,拉開氣炸鍋稍微攪拌一下,再
用200℃炸5分鐘,就完成了。

氣炸糯米腸

小吃&開胃菜

豬腸衣的薄脆外皮，配上厚實的糯米內餡，大展台式經典美味，請務必列入你的氣炸清單中。

❶ 180℃　8min
❷ 200℃　4min

材料

✻ 冷藏糯米腸 …… 3～4條

作法

Step 1　將冷藏糯米腸放入氣炸鍋，先以180℃炸8分鐘，再用200℃炸4分鐘，就完成了。

Tips　氣炸期間，記得拉開氣炸鍋翻面一下再繼續炸，讓食材受熱更均勻。

DAY 21

氣炸蝦餅

我家冰箱裡總是會儲存一些冷凍食品，
沒空買菜或是偶爾想要換換口味時，就可以馬上變出美味料理。

材料

★ 冷凍月亮蝦餅 …… 1片

❶ 180℃　5min
❷ 200℃　10min

作法

Step 1　將冷凍月亮蝦餅直接放入炸籃，先以180℃炸5分鐘，取出翻面再用
200℃炸10分鐘，就完成了。

TIPS　蝦餅炸完後不用清鍋，可以接著放入要炒的青菜（我會先用少許油、鹽、
蒜頭、黑胡椒粉，拌好青菜），用160℃炸10分鐘即完成。

椒鹽芋頭條

芋頭控們一定要試試看這道小點心，吃起來有點像薯條，
但口感比薯條厚實，很適合氣炸一盤配點小酒，
也是追劇時的抒壓零嘴，美食相伴，帶來完美的放鬆時光。

  160°C 15min

材料

* 芋頭（約250g）…… 1顆
* 玉米粉 …… 2大匙
* 橄欖油 …… 1茶匙
* 胡椒鹽 …… 1茶匙

作法

Step 1　將芋頭去皮並切成細長的條狀。

Step 2　在芋頭條表面均勻地撒上玉米粉後，
　　　　　刷上油，然後再撒上胡椒鹽。

Step 3　在炸籃內抹上一層油，再將芋頭條放
　　　　　入炸籃平鋪擺放，以160°C炸15分鐘，
　　　　　就完成了。

TIPS 芋頭條盡量以平鋪的方式，不要堆疊，可
視氣炸鍋的容量分次炸。這道250g的芋頭
條，大約需分2次氣炸。

DAY
23

五香雞皮

將滿滿的一籃雞皮放入，氣炸之後就會縮成剩一點點，
所以千萬不用擔心吃不完，上桌後絕對被秒殺清空。
香脆的雞皮，即使沒加任何調味，就好吃的不得了！

開胃菜&小吃

200℃　15min

材料

* 雞皮 ⋯⋯200g

〔醃漬醬料〕

✳ 米酒 ⋯⋯1/2茶匙
✳ 醬油 ⋯⋯1茶匙
✳ 五香粉 ⋯⋯1/4茶匙

作法

Step 1 將全部醃漬醬料與雞皮用手攪拌均
匀，醃5分鐘。

Step 2 將五香雞皮平鋪在炸籃裡，以200℃
炸15分鐘，就完成了。

Tips1 氣炸期間，可以拉開
氣炸鍋攪拌一下再繼
續炸，讓食材受熱更
均匀。

Tips2 氣炸後多的雞油，我
喜歡拿來拌地瓜葉或
是炒青菜，可增加香
氣又不浪費。

你也可以這樣做

如果要做蒜香口味的雞皮，可以先將醃漬好的雞皮以200℃炸15分
鐘，剩最後5分鐘再放入適量蒜末一起氣炸至完成。

檸檬雞柳條

免油炸的雞柳條，一樣可以很酥脆！
以優格、檸檬調配的醬汁，清爽解膩。

200℃   10min

材料

✷ 雞里肌或雞胸肉（約300g，切條狀備用）……8條
✷ 麵包粉……適量

〔醃漬醬料〕
✳ 原味優格……2大匙　✳ 檸檬汁……1顆　✳ 黑胡椒粉……1/4茶匙
✳ 鹽巴……1/4茶匙　✳ 全蛋……1顆

作法

Step 1 　將切好的雞柳條加入所有醃漬醬料，拌勻後醃30分鐘。

Step 2 　將雞柳條兩面沾裹上麵包粉（可以先炒過會更香酥），裹好後再刷點油，放入炸籃，以200℃炸10分鐘，就完成了。

Tips1 氣炸期間，記得拉開氣炸鍋攪拌一下再繼續炸，讓食材受熱更均勻。

Tips2 完後可依個人口味，撒上胡椒粉或其他粉材，增添風味。

氣炸鹽酥雞

鹽酥雞是氣炸鍋的必做料理之一。
只要用氣炸鍋，
就可以輕鬆做出一盤不油膩、
又美味多汁的鹽酥雞，
自己炸過之後就不會想外食了！

200℃　　10min

材料

* 雞胸肉（切小塊）……500g
* 樹薯粉或地瓜粉……適量

〔醃漬醬料〕

☆ 醬油膏……2大匙
☆ 砂糖……1/2茶匙
☆ 蒜頭（切末）……3瓣
☆ 荳蔻粉或五香粉……1/4茶匙

作法

Step 1 　將雞肉加入所有醃漬醬料，拌勻後醃30分鐘以上。

Step 2 　在醃好的雞肉裡加入樹薯粉，用手拌勻後，靜置5分鐘讓肉反潮，
　　　　直到肉濕濕的看不到粉材。

Step 3 　將雞肉放入炸籃裡，平鋪一層就好不要堆疊。

TIPS 這個食譜的分量大約需分成2～3次氣炸。記得不要將雞肉全部一次放
入，以免炸出來的口感不好，氣炸的時間也會拉長。

Step 4 　以200℃炸10分鐘，就完成了。

TIPS 氣炸完成可放入九層塔悶10秒，搭配享用！

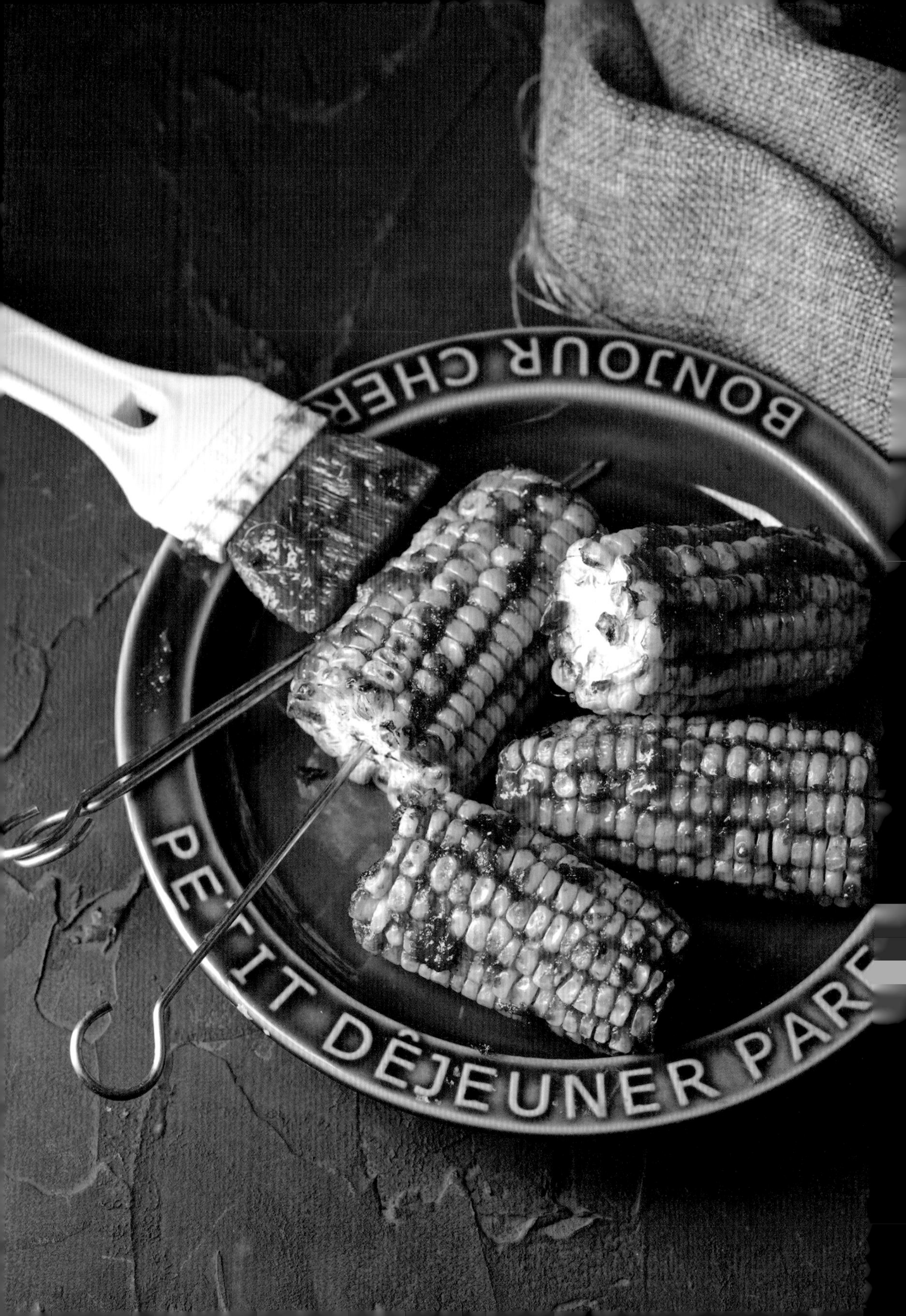
BONJOUR CHER
PETIT DÉJEUNER PAR

夜市烤玉米

夜市的烤玉米通常都不便宜，
而且還要等很久才能享用。
自己在家用氣炸鍋就能做出夜市的烤玉米，
而且醬料想刷幾層就刷幾層，
免出門、免排隊，
輕鬆在家享受香噴噴的烤玉米。

1 180℃　10min
2 180℃　4min
3 180℃　2min

材料

* 玉米 ……3根

〔胡麻沙茶醬〕

☀ 沙茶醬 ……2大匙
☀ 砂糖 ……1大匙
☀ 胡麻醬 ……2大匙
　（市售沙拉用的種類即可）
☀ 醬油膏 ……1大匙

作法

Step 1　製作胡麻沙茶醬。將「胡麻沙茶醬」的材料全部拌勻備用。

Step 2　將玉米去皮洗乾淨後，放入炸籃以180℃炸10分鐘，取出並在玉米表面刷上第一層胡麻沙茶醬，再氣炸4分鐘；取出刷第二層醬料後炸2分鐘，完成取出再刷上第三層醬料就完成了。

DAY 27

小魚乾花生

小魚乾花生，
絕對是超台的下酒菜和零嘴，
很多人就是愛這一味！
自己做，要辣要甜要鹹自己調整，
美味又安心。

❶ 140℃　15min
❷ 150℃　5min

材料

* 小魚乾 ⋯⋯60g
* 鹽巴 ⋯⋯1/2茶匙
* 細砂糖 ⋯⋯1茶匙
* 熟花生 ⋯⋯60～80g
* 辣椒段 ⋯⋯1根
* 蔥花 ⋯⋯20g

作法

Step 1　將小魚乾先用清水沖洗2次，以紙巾稍微擦乾後備用。

Step 2　取一耐熱容器，放入小魚乾、鹽巴、細砂糖攪拌均勻，再加入花生和辣椒拌勻。

Step 3　將容器放入炸籃，以140℃炸15分鐘，取出翻拌一下並放入蔥花，再用150℃炸5分鐘，就完成了。

Tips1　放涼再裝於密封袋或密封盒保存，當作解饞零嘴或是外出點心，都很方便即食。

Tips2　堅果類與水果類的氣炸溫度，記得不要超過160℃，以免焦掉。

PART **3** / MEAT

豪華肉料理

DAY
28

蜂蜜芥末
雞腿排佐蔬菜

這道菜根本可以當作咖啡廳裡的招牌早午餐吧！
又嫩又鮮甜的雞肉，搭配上喜歡的蔬菜，
好看好吃又營養，超推！

① 180℃　15min
② 200℃　10min

材料

* 去骨雞腿排 ⋯⋯ 1支
* 小黃瓜（或櫛瓜1條）⋯⋯ 2條
* 蘑菇（切半）⋯⋯ 4朵
* 鹽巴 ⋯⋯ 少許
* 生菜 ⋯⋯ 適量

〔蜂蜜芥末醬〕
✿ 蜂蜜 ⋯⋯ 1大匙
✿ 黃芥末醬 ⋯⋯ 1.5大匙
✿ 黑胡椒粉 ⋯⋯ 1/2茶匙
✿ 沙拉醬 ⋯⋯ 1大匙

作法

Step 1　「蜂蜜芥末醬」的所有材料攪拌均勻。

Step 2　將蜂蜜芥末醬均勻抹在雞腿排的兩面。一邊為雞肉按摩，一邊均勻塗抹醬汁，醃漬至少1小時備用。

Step 3　將小黃瓜切片。如使用的是櫛瓜，需撒上少許鹽巴，盡量每片都沾到，靜置15分鐘出水後，再用水沖洗一下瀝乾備用。

> **TIPS** 撒鹽、靜置出水、沖水，這三個步驟是讓櫛瓜好吃的祕訣，一定要記下來！

Step 4　取一個耐熱容器，在底部鋪上蘑菇、小黃瓜、生菜，擺上雞腿排（雞肉面朝上、雞皮面朝下），最後將蜂蜜芥末醬全部倒入。

Step 5　將耐熱容器放入炸籃，先以180℃炸15分鐘，取出將蔬菜翻拌、雞肉翻面（雞皮朝上），再用200℃炸10分鐘，就完成了。

> **TIPS** 氣炸時逼出的雞油，可以用來拌其他蔬菜。

南瓜梅香雞

梅子是讓料理清爽解膩的好幫手，
酸酸甜甜的滋味，在胃口不好的大熱天裡，
也能擁有好食慾！

180°C 30min

材料

* 去骨雞腿排 ⸺ 2支
* 南瓜 ⸺ 半顆
* 地瓜粉 ⸺ 適量
* 白芝麻 ⸺ 適量

〔醃漬醬料〕

✻ 蠔油 ⸺ 1茶匙
✻ 全蛋 ⸺ 1顆
✻ 砂糖 ⸺ 1茶匙
✻ 白胡椒粉 ⸺ 1/4茶匙

〔紫蘇梅醬〕

✻ 開水 ⸺ 8分滿米杯
✻ 蠔油 ⸺ 1.5大匙
✻ 蜂蜜 ⸺ 1大匙
✻ 紫蘇梅 ⸺ 8顆

作法

Step 1 將「醃漬醬料」混合均勻。

Step 2 將去骨雞腿排切塊，再加入醃漬醬料，一邊為雞肉按摩，一邊均勻塗抹醬汁，醃漬15分鐘。

Step 3 將南瓜帶皮切塊備用。

Step 4 醃好的雞腿排裹上地瓜粉，靜置待反潮（讓雞肉表面有點濕潤感）。

Step 5 將雞腿排與南瓜一起放入炸籃，以180℃炸30分鐘，記得每炸10分鐘要取出翻面一下。

Step 6 氣炸南瓜雞時，可製作紫蘇梅醬。準備一個小鍋，加入開水、蠔油、蜂蜜、紫蘇梅，以小火烹煮並一邊均勻攪拌，約5分鐘待稍微收汁即可。

Step 7 將南瓜跟雞腿排倒入收汁的紫蘇梅醬鍋中拌炒一下，讓每塊南瓜雞肉都均勻沾上醬汁後，熄火盛盤，撒上白芝麻，就完成了。

氣炸雞腿排

這道氣炸雞腿排步驟超簡單,醃一下,炸一下,就完成。
學會了這道基礎料理,往大廚的路就成功了一半。
加上各式醬料就能華麗變身,輕鬆端上桌。

❶ 180℃ 10min
❷ 200℃ 5min

材料

✳ 雞腿排或雞腿 …… 1支

〔醃漬醬料〕
✳ 鹽巴 …… 少許
✳ 胡椒粉 …… 少許
✳ 米酒 …… 1大匙

作法

Step 1 在雞腿排上加入所有的醃漬醬料,邊加邊幫雞肉揉捏按摩,醃漬10分鐘。

Step 2 把醃好的雞腿排(雞肉面朝上、雞皮面朝下)放入炸籃,先以180℃炸10分鐘,取出翻面,讓雞皮朝上,再用200℃炸5分鐘,就完成了。

Tips 原味就很好吃,也可依個人口味,撒上胡椒粉或其他香料。也可以參考p.68,升級成泰式椒麻雞。

你也可以這樣做

可以利用耐熱容器或是6吋不沾蛋糕模,先在底部鋪上自己喜歡的蔬菜,再放上醃漬好的雞腿排一起氣炸。被逼出來的雞油剛好可以滋潤蔬菜,拌一拌就很好吃,而且一鍋出兩菜超省時。

泰式椒麻雞

要做出餐廳裡的泰式椒麻雞一點都不難，
醬料拌一拌、雞腿排交給氣炸鍋，
最後加上高麗菜絲擺盤就行了。

1 180℃　10min
2 200℃　5min

材料

* 去骨雞腿排 ⋯⋯ 1支
* 高麗菜絲 ⋯⋯ 適量

〔醃漬醬料〕

☆ 鹽巴 ⋯⋯ 少許
☆ 胡椒粉 ⋯⋯ 少許
☆ 米酒 ⋯⋯ 1大匙

〔泰式椒麻醬〕

☆ 蒜末 ⋯⋯ 20g
☆ 辣椒（切末）⋯⋯ 1小根
☆ 花椒粉（或花椒粒）⋯⋯ 1/4茶匙
☆ 青蔥（切末）⋯⋯ 1根
☆ 香菜末 ⋯⋯ 15g
☆ 細砂糖 ⋯⋯ 10g
☆ 魚露 ⋯⋯ 20g
☆ 檸檬汁 ⋯⋯ 15g
☆ 開水 ⋯⋯ 20g

作法

Step 1 製作泰式椒麻醬。將「泰式椒麻醬」的材料拌勻，或全部放入調理機打碎備用。

Step 2 將「醃漬醬料」混合均勻。

Step 3 取一容器，放入去骨雞腿排，再加入醃漬醬料。一邊均勻的塗抹醬料，一邊為雞肉揉捏按摩，醃漬10分鐘。

Step 4 將雞腿排放入炸籃，雞腿排的雞肉面朝上、雞皮面朝下，先以180℃炸10分鐘，取出翻面，讓雞皮朝上，再用200℃炸5分鐘。

Step 5 高麗菜切成絲，洗淨後泡冰開水（材料分量外）至少20分鐘備用。

Step 6 將高麗菜絲瀝乾擺盤後，放上雞腿排，淋上泰式椒麻醬，就完成了。

DAY
32

氣炸全雞

這一道全雞大餐端上桌，客人會投以崇拜眼神，
以為你很會做菜，其實就只是把料塞一塞、
放入氣炸鍋就完成了，30分鐘變大廚！

材料

* 小型全雞（1kg以內）…… 1隻
* 蒜頭 …… 6瓣
* 青蔥（切段）…… 1根
* 洋蔥（切絲）…… 1/4顆
* 胡椒鹽 …… 適量
* 橄欖油 …… 適量

〔醃漬醬料〕
* 鹽巴 …… 1茶匙
* 黑胡椒粉 …… 1/2茶匙
* 醬油 …… 1大匙
* 米酒 …… 1/2茶匙

雞鴨料理
Chicken and Duck

作法

Step 1 將「醃漬醬料」混合均勻後，一邊將醬料塗抹在雞肉上，一邊幫雞肉揉捏按摩。

Tips 1 挑選1公斤以內，能放入氣炸鍋內的全雞，我用的這隻雞大約是700g。

Tips 2 醃漬醬料記得預留一些，作為步驟4刷色用。

Step 2 先將蒜頭、蔥段、洋蔥撒上胡椒鹽，再塞入全雞內。

Step 3 在雞表面抹上一層薄薄的油，再用鋁箔紙包覆起來。

Step 4 將全雞放入炸籃，先以180℃炸20分鐘，取出拿掉錫箔紙，再用180℃炸10分鐘。

Tips 1 拿掉錫箔紙後，可每2分鐘幫雞翻面一次，並刷上步驟1的醃漬醬料，幫助表面上色均勻，更為美味。

Tips 2 每隻雞的大小不同，再依照氣炸狀態，自行調整溫度時間，確保熟透。

Tips 3 炸完後可依個人口味，撒上胡椒粉或其他粉材，增添風味。

脆皮香雞排

自己做雞排，聽起來是不是很狂，
但有了氣炸鍋，一切變得很簡單。
自己調的酥炸粉，雖然比不上市售的酥炸粉，
不過可以掌握使用的食材，不僅安心，
吃起來還真的有脆皮的感覺呢！

① 180℃ 10min
② 200℃ 6min

材料

✱ 雞胸肉（約500g）…… 1副

〔醃漬醬料〕

✲ 醬油 …… 1大匙
✲ 砂糖 …… 1茶匙
✲ 白胡椒粉 …… 1/4茶匙
✲ 蒜頭（切末）…… 3瓣
✲ 花椒粉 …… 1/2茶匙

〔酥炸粉〕

✲ 低筋麵粉 …… 1米杯
✲ 玉米粉 …… 1米杯
✲ 糯米粉 …… 1米杯
✲ 白胡椒粉 …… 1大匙

作法

Step 1 將雞胸肉對半切成兩片後，每片再從側邊橫切開來，但不要切斷，切完後翻開，雞排就變大了。

TIPS 一副雞胸肉可做2片香雞排。

Step 2 混合所有「醃漬醬料」，再放入雞胸肉抓醃一下，靜置至少30分鐘。

TIPS 如果時間充裕，可將雞胸肉於前一晚進行醃漬，經過一整夜的醃漬會更加入味。

Step 3 製作酥炸粉。將「酥炸粉」材料全部混合均勻備用。

Step 4 將醃漬好的雞排兩面皆均勻沾上酥炸粉，再噴水噴至全濕，再均勻的沾裹一次酥炸粉，置靜5分鐘，讓粉反潮。

TIPS 反覆沾兩次酥炸粉，可以讓氣炸後的口感更接近脆皮雞排喔！

Step 5 雞排放入炸籃，並在兩面刷上一點油，以180℃炸10分鐘，取出翻面，再用200℃炸6分鐘，完成。

TIPS 炸完後可依個人口味，撒上胡椒粉或其他粉材，增添風味。

豆乳雞

媽媽真是不好當,每天都要腦力激盪三餐要吃什麼,
不過還好我很愛自己動手做,所以忙得很開心。
這道豆乳雞為雞胸肉帶來全新的風味,
煮到不知道要煮什麼的媽媽們,
快來試試看吧!

材料

  200℃ 10min

* 雞胸肉（約500g）⋯⋯ 1副
* 橄欖油 ⋯⋯ 適量

〔醃漬醬料〕

✼ 豆腐乳 ⋯⋯ 3塊
✼ 醬油 ⋯⋯ 1茶匙
✼ 砂糖 ⋯⋯ 1茶匙
✼ 米酒 ⋯⋯ 1/4茶匙
✼ 五香粉 ⋯⋯ 少許

〔酥炸粉〕

✼ 低筋麵粉 ⋯⋯ 1米杯
✼ 玉米粉 ⋯⋯ 1米杯
✼ 糯米粉 ⋯⋯ 1米杯
✼ 白胡椒粉 ⋯⋯ 1大匙
✼ 白芝麻 ⋯⋯ 1大匙

作法

Step 1 　將「醃漬醬料」混合均勻，再放入雞胸肉進行醃漬至少12小時。醃漬時請放於冰箱冷藏。

Tips! 如果時間充足，建議醃漬一整天，讓雞肉更入味。

Step 2 　將「酥炸粉」材料混合均勻，再放入醃漬好的雞胸肉抓拌均勻。

Step 3 　將雞胸肉平鋪在炸籃內，再均勻的抹上一層油，以200℃炸10分鐘，就完成了。

Tips! 氣炸期間，記得拉開氣炸鍋翻面一下再繼續炸，讓食材受熱更均勻。

Tips2 這個食譜的分量，需要分兩次才能炸完。

韓式炸雞

韓式炸雞的重點,除了要炸得剛好不乾柴,醃漬醬料和沾醬也是關鍵,
掌握這三項要素,才能吃到外辣內多汁的好滋味。
沒用完的韓式炸雞醬,也可以用來沾其他料理喔!

200°C　20min

材料

* 棒棒雞腿（8支，約400g）…… 1盒
* 白芝麻 …… 適量

〔韓式炸雞醬〕

※ 蒜頭（切末）…… 4瓣
※ 韓國辣椒醬 …… 50g
※ 番茄醬 …… 30g
※ 砂糖 …… 30g
※ 白醋 …… 15g
※ 橄欖油 …… 適量

〔酥炸粉〕

※ 低筋麵粉 …… 1米杯
※ 玉米粉 …… 1米杯
※ 糯米粉 …… 1米杯

〔醃漬醬料〕

※ 醬油 …… 1茶匙
※ 米酒 …… 1/2茶匙
※ 胡椒粉 …… 1/4茶匙
※ 咖哩粉 …… 1/4茶匙

作法

Step 1 將棒棒雞腿加入混合均勻的醃漬醬料，一邊幫雞肉揉捏按摩，靜置至少30分鐘。

Step 2 製作酥炸粉。將「酥炸粉」材料全部混合均勻。

Step 3 將醃漬好的棒棒雞腿兩面皆均勻沾上酥炸粉，噴水噴至全濕，再均勻的沾裹一次酥炸粉，置靜5分鐘，讓粉反潮。

TIPS 反覆沾兩次酥炸粉，可以讓氣炸後的口感更酥脆喔！

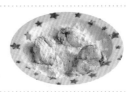

Step 4 將棒棒雞腿放入炸籃中，在表面刷上一層油後，以200°C炸20分鐘。

TIPS 如果想要更接近油炸的口感，可以在雞腿兩面都刷上油。

Step 5 製作韓式炸雞醬。準備一個鍋子，加入油、蒜末以中小火炒出香氣，再放入韓式辣椒醬、番茄醬、砂糖和白醋，拌炒均勻後，再放入氣炸好的棒棒雞腿，均勻沾裹辣醬。起鍋撒白芝麻，完成。

雞鴨料理

Chicken and Duck

DAY 36

氣炸義式香料雞翅

雞翅簡單醃漬一下就能入味，
醃完再炸整個風味又提升了。
可以視個人喜好變換不同的香料，
想吃什麼自己加！

❶ 180℃　7min
❷ 200℃　3min

材料

* 雞翅（2節翅或3節翅皆可）…… 12支

〔醃漬醬料〕

☆ 義式香料粉 …… 1大匙
☆ 白酒 …… 1茶匙

作法

Step 1 　將雞翅加入混合均勻的醃漬醬料中，靜置至少20分鐘。

Step 2 　把雞翅放入炸籃，先以180℃炸7分鐘，翻面後再用200℃炸3分鐘，就完成了。

法式迷迭香鴨胸

吃膩了台菜，就改用迷迭香等義式香料粉調味吧！
可以快速的轉換口味，稍微擺盤，
再配上紅酒或香檳就很有歐洲風情啦！

  200℃ 15min

材料

* 鴨胸（約350g）…… 1副
* 玫瑰鹽 …… 適量

〔醃漬醬料〕

✣ 迷迭香香料 …… 1茶匙
✣ 黑胡椒粉 …… 1/2茶匙
✣ 鹽巴 …… 少許

作法

Step 1 　鴨胸加入混合均勻的醃漬醬料，醃漬一天（趕時間時至少醃漬4小時）。

Step 2 　氣炸前先把鴨肉上的香料撥掉，放入炸籃，以200℃炸15分鐘就完成。

TIPS　氣炸鴨胸沾點玫瑰鹽就很好吃。

DAY
38

香酥芋頭鴨

這道芋頭鴨可以說是大菜等級，作工有點複雜，
不過喔～通常吃過的人都會狂點頭！
我會利用空閒時先把芋泥做起來存放，
可以快速應用在各種料理中。

材料

✱ 櫻桃鴨腿（無骨或帶骨皆可）…… 1支，約300g

✱ 玉米粉（表面沾黏用）…… 1.5大匙、適量

✱ 全蛋 …… 1顆

✱ 麵包粉 …… 適量

✱ 橄欖油 …… 適量

〔醃漬醬料〕

✿ 醬油 …… 1大匙

✿ 米酒 …… 1大匙

✿ 花椒粉 …… 1/4茶匙

✿ 白胡椒粉 …… 1/4茶匙

〔芋泥〕

✿ 芋頭（去皮切塊）…… 300g

✿ 砂糖 …… 70g

✿ 無鹽奶油 …… 30g

✿ 牛奶 …… 30g

200℃ 12-15min

作法

Step 1 　製作芋泥。將芋頭去皮切塊後放入電鍋（內鍋不用加水），外鍋倒入
1.5米杯水蒸熟（水量可視芋頭的狀況增減）。完成後趁芋頭還熱熱的
情況下加入砂糖、無鹽奶油和牛奶，用調理機或果汁機攪打成均勻泥
狀即可。

Tips1　芋頭蒸完後，可用筷子測試一下，如果能輕鬆穿透芋頭，就代表ok了，若覺
得不夠鬆，外鍋加半米杯水再蒸一次。

Tips2　這個芋泥是我試過多次後，覺得最好吃的比例，也可以用來做成麵包餡料或
是打成芋頭牛奶，都超讚的！

Tips3　沒用完的芋泥可以放於冰箱冷凍保存，並於在3個星期內用完。

Step 2 　在櫻桃鴨腿肉上劃幾刀，方便入味。在鴨肉內加
入混合均勻的醃漬醬料，一邊幫鴨肉按摩，醃漬
至少15分鐘。

Tips　若買無骨的鴨腿，氣炸完成會比較好切，方便食用。
不過我喜歡買帶骨的，整隻啃比較爽，哈哈。

Step 3 　將醃漬好的鴨肉放入電鍋，外鍋倒入1米杯水蒸熟。

Step 4 　取出150g的芋泥加入1.5大匙玉米粉抓成團狀，再分
成2等分包覆在鴨腿兩面，稍微按壓密實，再於雙
面沾上玉米粉。

Step 5 　先把全蛋打散，將鴨腿雙面依序沾上蛋液和麵包粉後，在鴨腿兩面抹
上一層油，放入炸籃以200℃炸12～15分鐘，就完成了。

豬五花蘆筍捲

豬五花加蘆筍捲，有肉有菜，雙重營養，一口滿足。
炸完後撒上胡椒粉、鹽，多汁又好吃！

 160℃　 10min

材料

＊ 生蘆筍 …… 150g
＊ 薄片豬五花 …… 12片
＊ 胡椒粉 …… 適量
＊ 鹽巴 …… 適量

作法

Step 1　先將生蘆筍切成三小段。將豬五花攤平鋪上6～7根蘆筍再捲起來。

Step 2　將豬五花蘆筍捲放入炸籃，以160℃炸10分鐘，撒上胡椒粉、鹽巴，就完成了。

TIPS　炸完後可依個人口味，撒上胡椒粉或其他粉材，增添風味。

豬五花豆腐捲

豬五花可以包的食材很多，豆腐就是其中的好料之一。
包了雞蛋豆腐的豬五花捲，盛盤後灑上一點鹽巴，就好吃得不得了。

豬肉料理

① 180℃　8min
② 200℃　3min

材料

* 雞蛋豆腐 …… 1盒
* 薄片豬五花（200g）…… 1盒
* 醬油（或烤肉醬）…… 適量
* 鹽巴 …… 適量
* 胡椒粉 …… 適量

作法

Step 1　將雞蛋豆腐先從側邊對半切，再直切成6小塊，共切成12塊。

Step 2　用薄片豬五花將雞蛋豆腐捲起來後，放入炸籃，先以180℃炸8分鐘，再用200℃炸3分鐘，炸好後撒些鹽巴和胡椒粉，就完成了。

Tips!　在炸最後3分鐘時，刷上醬油或烤肉醬調味，也很好吃。

Tips2　炸完後可依個人口味，撒上胡椒粉或其他粉材，增添風味。

蜜汁豬五花捲玉米筍

甜甜的蜜汁醬，讓平常不愛吃肉、吃菜的小朋友也能乖乖就範。
也可以利用冰箱現有的食材，捲青椒、捲豆腐，
有什麼捲什麼，保證好吃不會走味！

豬肉料理

材料

* 玉米筍 —— 約10根
* 薄豬五花肉片 —— 20～30片
* 鹽巴 —— 適量
* 芝麻粒 —— 適量

〔蜜汁醬〕

✳ 蜂蜜 —— 1大匙
✳ 醬油 —— 1/2大匙
✳ 蒜頭（切末）—— 2瓣
✳ 砂糖 —— 1/2茶匙
✳ 胡椒粉 —— 1/4茶匙

❶ 180℃　8min
❷ 180℃　4min

作法

Step 1　製作蜜汁醬。將「蜜汁醬」所有材料拌勻備用。

Step 2　將玉米筍切對半後，用豬肉片捲起，放入炸籃，以180℃炸8分鐘，取出刷上蜜汁醬，再繼續炸4分鐘。

Tips　可直接將豬五花捲玉米筍放入炸籃，也可以用不鏽鋼串燒叉串起來。

Step 3　炸好擺盤後，撒上鹽巴、芝麻粒，就完成了。

你也可以這樣做

如果有剩餘的蜜汁醬，可以做成「秀珍菇蜜汁燒」。將一盒秀珍菇洗乾淨後，不用放油直接將秀珍菇放入平底鍋中以大火炒到出水，再將水倒掉，繼續炒到兩面微焦且不出水（這樣菇的香氣才會夠），最後倒入蜜汁醬拌炒一下，聞到醬汁香就可以熄火，撒鹽巴調味一下，就完成了。

孜然甜椒松阪豬

這道我們家餐桌常見的家常菜，以前都是用平底鍋料理，
但是自從氣炸鍋來了之後，我常常把它當作炒鍋了，
油不會噴得到處都是，也省去清理的麻煩，超方便的！

1 180℃　8min
2 180℃　5min

材料

* 松阪豬（切片）…… 200g
* 甜椒（切塊）…… 1顆
* 青椒（切塊）…… 1顆
* 玉米筍 …… 4根
* 孜然粉 …… 適量
* 橄欖油 …… 適量

作法

Step 1　松阪豬切成條狀，甜椒、青椒切成相近大小。

Step 2　將松阪豬放入炸籃，以180℃炸8分鐘。同時將所有蔬菜先抹油備用。

TIPS　可以自行搭配青椒、黃椒、紅椒，讓顏色更豐富好看。

Step 3　氣炸松阪豬8分鐘到時，倒入蔬菜拌一拌，再以180℃炸5分鐘，最後撒上孜然粉拌一拌，就完成了。

DAY 43

氣炸香腸

大家以前用平底鍋煎香腸時，一定常遇到外皮焦掉但是裡面沒熟的窘境吧？
不然就是很怕被油噴到，得要東躲西閃的，
現在直接放入氣炸鍋就可以去旁邊納涼坐等美味了！真是太方便了！

豬肉料理

180℃　10min

材料

＊ 冷藏香腸 …… 6～8條

作法

Step 1　香腸免切免戳洞，直接將香腸整條放入炸籃，以180℃炸10分鐘，就完成了。

Tips1　氣炸期間，可以拉開氣炸鍋翻面一下再繼續，讓食材受熱更均勻。

Tips2　香腸數量可視炸籃容量調整，我的炸籃最多可放10條香腸。

DAY 44

蜜汁叉燒

軟嫩甜蜜的蜜汁叉燒,超級銷魂,這一道菜端上桌,
保證讓你老公重新愛上你,哈哈!

1 180℃ 20min
2 200℃ 10min

材料

* 豬梅花肉(300g)⋯⋯ 1塊
* 蜂蜜 ⋯⋯ 適量

〔醃漬醬料〕

☀ 砂糖 ⋯⋯ 2大匙
☀ 辣豆瓣醬 ⋯⋯ 1茶匙
☀ 豆腐乳 ⋯⋯ 1塊
☀ 五香粉 ⋯⋯ 少許
☀ 醬油 ⋯⋯ 1大匙
☀ 米酒 ⋯⋯ 1茶匙
☀ 紅麴粉 ⋯⋯ 1茶匙

作法

Step 1 將「醃漬醬料」混合均勻,塗抹於豬梅花上,醃漬一天。時間不夠時,建議至少醃漬12小時。

TIPS 這道料理的醃漬醬料大約可浸泡600g的肉,所以可以一次將肉醃好,另一半可以冷凍保存,想吃時再拿出來解凍氣炸即可。

Step 2 將醃漬好的豬肉放入炸籃中,先以180℃炸20分鐘,取出翻面,並來回刷上蜂蜜2～3次,再用200℃炸10分鐘,就完成了。

氣炸鹹豬肉

這道鹹豬肉，我只用鹽、蒜末、黑胡椒簡單醃一下就很美味，
搭配蒜苗、蒜片，解膩又下飯。
也可以夾著吐司一起吃，當作豪華早餐也很不賴！

材料

* 帶皮豬五花肉（約300g）⋯⋯ 1條
* 蒜頭（切末）⋯⋯ 3瓣
* 鹽巴 ⋯⋯ 1茶匙
* 粗黑胡椒粉 ⋯⋯ 1大匙

1 180℃ 15min
2 200℃ 5min

作法

Step 1 　將鹽巴、粗黑胡椒粉均勻抹在豬肉上，再撒上蒜末。

Step 2 　將豬肉放入密封袋或保鮮盒，密封冷藏至少3天。

Step 3 　第四天，將冷藏豬肉取出，放入炸籃，先以180℃炸15分鐘，取出翻面後，再用200℃炸5分鐘，就完成了。

氣炸脆皮燒肉

脆皮是這道菜好吃的重點,在處理豬皮的步驟時要多留意。
醃漬的時間一定要足夠,肉才會入味。
雖然步驟比較繁複,但只要一想到能嚐到好吃的燒肉就很值得。

材料

* 帶皮豬五花(約500g,
  切成10×10公分大小)
  …… 1塊
* 青蔥 …… 2根
* 白醋 …… 適量

〔醃漬醬料〕

五香粉 …… 1茶匙
* 白胡椒粉 …… 1/2茶匙
* 鹽巴 …… 1/2茶匙
* 砂糖 …… 1/2茶匙

① 180℃　30min
② 200℃　10min

作法

Step 1　煮一鍋水，放入切段狀的蔥，待水滾後放入豬肉，汆燙約5分鐘。

Step 2　汆燙後的豬肉稍微用水沖洗一下，豬皮部分用菜刀輕輕來回刮3～5次，會發現刀子上有雜質，用紙巾將雜質擦掉，再重複刮2次。

Step 3　在瘦肉部分用刀切兩刀，注意不要切到肥肉，劃刀用意是方便等會兒醃漬入味。

Step 4　將醃漬醬料混合均勻，一邊塗抹在豬肉上一邊按摩，塗抹時注意不要抹到豬皮。

Step 5　準備數根烤肉用竹籤，用橡皮筋將竹籤綁起來，用竹籤戳豬皮，戳好戳滿後，在豬皮上塗抹一層薄薄的白醋。

TIPS　我嫌用一根竹籤戳豬皮太慢了，所以想出了將竹籤綁起來的方法，可以快速戳好豬皮。

Step 6　準備一個耐熱容器，或利用錫箔紙將豬肉包起來，但豬皮要露出來，不可以包住，直接放入冰箱冷藏至少2天，可以的話，放3天更好。

Step 7　將冷藏豬肉直接放入炸籃，將豬皮朝上，先以180℃炸30分鐘，再蓋上錫箔紙（避免豬皮焦掉）用200℃炸10分鐘，就完成了。取出切成適當大小，就可以開動了！

TIPS　每塊肉的大小不同，記得依照氣炸狀態，自行調整溫度時間，確保肉熟透。

氣炸起司豬排

選擇薄豬肉片、再將兩片疊起來的方式製作，就省去動刀的步驟了。
因為起司和火腿都帶有鹹味，所以肉片也不需要事先醃漬就很好吃了。

材料

* 烤肉用豬里肌（薄片，約12片）⋯⋯ 1盒
* 起司片 ⋯⋯ 3片
* 火腿 ⋯⋯ 3片
* 全蛋 ⋯⋯ 3顆
* 麵包粉（炒過）⋯⋯ 適量
* 低筋麵粉 ⋯⋯ 適量

❶ 180℃　10min
❷ 200℃　3min

作法

Step 1 　將兩片豬里肌片重疊平鋪後，在上方放一片起司片和火腿，然後再疊上兩片豬肉片，並將肉片四邊稍微按壓一下。重複此步驟完成三份豬肉排。

Tips 　因為使用的是薄片豬肉，所以一層用兩片，看起來較具分量。如果買的是厚里肌肉，可以橫切剖半並不要切斷，再夾入起司與火腿。

Step 2 　將步驟1的肉排依照順序，沾上低筋麵粉、蛋液、麵包粉。

Step 3 　將豬肉放入氣炸鍋，先以180℃炸10分鐘，取出翻面，再用200℃炸3分鐘，就完成了。

你也可以這樣做

如果買的是市售冷凍起司豬排，無須解凍直接放入炸籃內，先以180℃炸10分鐘，取出翻面，再以200℃炸6分鐘，就完成了。

DAY
48

骰子牛拌蔬菜

以大量的蔬菜搭配骰子牛，
還可以自行變換蔬菜種類，
冰箱有什麼就加什麼，
像是洋蔥丁、甜椒、玉米筍等等，
也都很適合。

200℃　　10min

材料

* 骰子牛肉 —— 200g
* 小黃瓜（切塊）—— 1條
* 蘑菇（切半）—— 8朵
* 花椰菜 —— 8小朵
* 鹽巴 —— 適量
* 黑胡椒粉 —— 適量
* 橄欖油 —— 適量

作法

Step 1 準備一個耐熱容器，放入小黃瓜、蘑菇、花椰菜鋪底，刷上一點油。

Step 2 在蔬菜上放入骰子牛肉，將容器放入氣炸鍋，以200℃炸10分鐘，再加入鹽巴、黑胡椒粉調味一下，就完成了。

霜降牛排

掌握好溫度時間，用氣炸鍋做出來的牛排，
就是嫩嫩嫩，絕對不會讓你失望。

材料

① 160℃　6min
② 200℃　7min

* 霜降牛肉或菲力牛肉（約350g）…… 1塊
* 鹽巴 …… 少許

作法

Step 1　將冷藏牛肉兩面撒上少許鹽巴後，直接放入炸籃，先以160℃炸6分鐘，取出翻面，再以200℃炸7分鐘。

Tips1　牛排盡量選油花多一點的，氣炸起來較多汁。

Tips2　氣炸溫度和時間，需隨著牛肉的厚度做調整。

Step 2　炸完取出，用錫箔紙包覆起來靜置5分鐘再切，就完成了。

你也可以這樣做

除了鹽巴的調味方式外，也可以在氣炸前，用自己喜愛的香料醃漬30分鐘再氣炸，變換不同風味。

咖哩迷迭香羊小排

羊小排搭配上我的獨門醬料，放入氣炸鍋，
做出沒有羊腥味又多汁美味的義式風味。
豪華大餐，只要一下子就能完美端上桌。

材料

* 羊小排（約120g）⋯⋯ 3支

〔醃漬醬料〕

✿ 咖哩粉 ⋯⋯ 1茶匙
✿ 迷迭香粉 ⋯⋯ 1茶匙
✿ 小茴香粉 ⋯⋯ 1/4茶匙

❶ 180℃　10min
❷ 200℃　5min

作法

Step 1　將羊小排加入混合均勻的醃漬醬料，醃漬至少6小時，有時間的話，建議醃漬一天更好。

Step 2　將羊小排放入炸籃，先以180℃炸10分鐘，取出翻面，再用200℃炸5分鐘，就完成了。

PART 4 / SEAFOOD

豐盛海鮮料理

DAY 51

氣炸鮭魚

將鮭魚抹上一層薄薄的鹽巴再氣炸就很好吃。
或是加上奶油和檸檬片,也是很對味的選擇,
料理的世界那麼大,盡情發揮創意吧!

① 180℃　10min
② 200℃　5min

材料

* 鮭魚(約200g)…… 1片
* 鹽巴 …… 適量

作法

Step 1　在冷藏鮭魚兩面抹上一層薄薄的鹽巴。

Step 2　放入炸籃,先以180℃炸10分鐘,取出翻
面,再用200℃炸5分鐘,就完成了。

也可以在鮭魚表面放上少許無鹽奶油、一片檸檬
片一起氣炸,變成奶香檸檬鮭魚,也很好吃。

52

氣炸鯖魚

很多媽媽表示,在還沒有氣炸鍋的時候,都不敢煎魚,
因為會搞得滿屋子油煙,還煎失敗。
自從有了氣炸鍋,就能輕鬆優雅的做出美味不乾柴的魚料理了!

① 180℃   8min
② 200℃   2min

材料

＊ 冷凍或冷藏薄鹽鯖魚 …… 1片

作法

Step 1　將冷凍鯖魚直接放入炸籃,並在表面刷上一層油,先以180℃炸8分鐘,再用200℃炸2分鐘,就完成了。

帶皮類或裹粉類食材,氣炸前最好都要刷上一層油,才能滋潤口感不乾柴。

若使用冷藏鯖魚,可直接放入炸籃,以180℃炸10分鐘,就完成了。

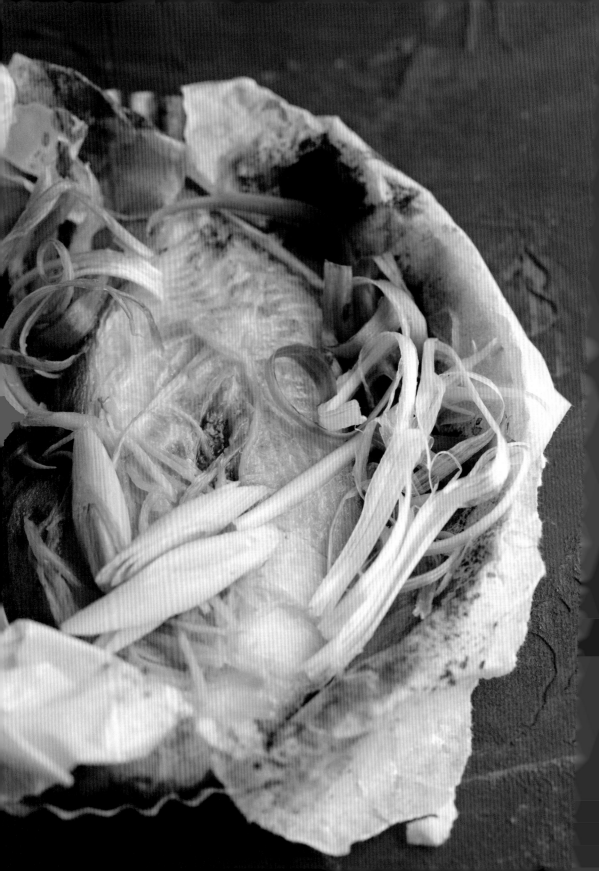

紙包比目魚

比目魚先醃漬過後,再用烘焙紙包著醬料一起氣炸,非常入味,
保證是餐桌上的人氣王,快來吃飯囉!

① 180℃ 10min
② 200℃ 10min

材料

＊ 比目魚或鱈魚 ⋯⋯ 1片

〔醃漬醬料〕

蒜頭(切末) ⋯⋯ 2瓣

紅椒粉 ⋯⋯ 1/4茶匙

黑胡椒粉 ⋯⋯ 少許

白酒 ⋯⋯ 1大匙

鹽巴 ⋯⋯ 適量

作法

Step 1 在比目魚中加入混合好的醃漬醬料,醃漬15分鐘。

這道料理可以選擇比目魚或鱈魚,不過比目魚會比較容易購買。

Step 2 用烘焙紙將魚與醃漬醬料一起包覆起來,放入炸籃,先以180℃炸10分鐘,再用200℃炸10分鐘,就完成了。

氣炸完成,可以搭配蔥絲或是蒜苗一同享用。

你也可以這樣做

如果不使用烘焙紙時,可將比目魚的兩面沾上樹薯粉或地瓜粉,並在表面抹上一層油,放入炸籃,先以180℃炸10分鐘,取出翻面,再用200℃炸5分鐘,就完成了。

氣炸肉魚

利用氣炸鍋來製作魚料理，實在是方便又美味，
如果要說缺點的話，就是空間一次只能炸兩條，不夠吃啦，
不過現在有出一些專門的配件，可以一次氣炸三、五條魚，
有興趣的人可再自行添購喔！

① 200℃　6min
② 200℃　6min

材料

* 肉魚 …… 2條
* 鹽巴 …… 適量
* 橄欖油 …… 適量

作法

Step 1 在冷藏肉魚兩面抹上一些鹽巴並刷上一點
油，放入炸籃，以200℃炸6分鐘，取出翻
面，再炸6分鐘，就完成了。

帶皮類或裹粉類食材，氣炸前最好都要刷上一層
油，才能滋潤口感不乾柴。

DAY 55

氣炸土魠魚

什麼調味都沒加！
只要挑選到一片新鮮的土魠魚，把它送進氣炸鍋，時間一到，
出來的就是一道香氣十足的魚料理！

① 180℃　10min
② 200℃　6min

作法

Step 1　將土魠魚直接放入炸籃，先以180℃
　　　　　炸10分鐘，取出翻面，再用200℃炸6
　　　　　分鐘，就完成了。

炸完後可依個人口味，撒上胡椒粉或其
他粉材，增添風味。

材料

＊ 冷藏土魠魚 …… 300g

氣炸香魚

用不鏽鋼叉燒串把香魚串起來再氣炸，
立刻變身居酒屋美味料理。
不過一次只能炸三條，不可以塞滿整個炸籃，
以免影響成品風味喔！

海鮮料理

材料

* 香魚（每條約85～90g）…… 3條
* 鹽巴 …… 適量
* 橄欖油 …… 適量

❶ 180℃　10min
❷ 180℃　10min

作法

Step 1　將香魚清洗乾淨後擦乾，在兩面抹上
少量鹽巴後，放入炸鍋，在表面刷上
一層油，以180℃炸10分鐘，取出翻
面，再以180℃炸10分鐘，完成。

帶皮類或裹粉類食材，氣炸前最好都要
刷上一層油，才能滋潤口感不乾柴。

炸完後可依個人口味，撒上胡椒粉或檸
檬汁，增添風味。

可以利用串燒叉將魚串起，
方便一次氣炸多條魚。

香酥柳葉魚

可以把骨頭一起吃下去的柳葉魚，營養方便又好吃。
喜歡沾上一點地瓜粉或樹薯粉，炸出香酥口感。

  200℃ 15min

材料

* 柳葉魚 …… 8～10條
* 鹽巴 …… 適量
* 地瓜粉或樹薯粉 …… 適量
* 橄欖油 …… 適量

作法

Step 1　在所有柳葉魚的兩面抹上鹽巴調味，再
　　　　沾地瓜粉或樹薯粉。

Step 2　將柳葉魚放入炸籃，在表面抹上一點油
　　　　後，以200℃炸15分鐘，就完成了。

帶皮類或裹粉類食材，氣炸前最好都要刷
上一層油，才能滋潤口感不乾柴。

炸完後可依個人口味，撒上胡椒粉或其他
粉材，增添風味。

炸鮮蚵

我家三位男人都很喜歡吃蚵仔，
所以這道炸鮮蚵是我家餐桌點播率很高的料理，還好製作起來很簡單，
可以很輕鬆的打發他們，哈哈！

海鮮料理

180℃　8min

材料

* 鮮蚵 …… 200g
* 鹽巴 …… 適量
* 地瓜粉或樹薯粉 …… 適量
* 橄欖油 …… 適量

作法

Step 1　鮮蚵洗淨後，撒點鹽巴抓拌均勻，再
沾上地瓜粉。

Step 2　將蚵仔放入炸籃，在表面刷點油後，
以180℃炸8分鐘，就完成了。

氣炸期間，記得拉開氣炸鍋攪拌一下再
繼續，讓食材受熱更均勻。

鮮蚵豆豉豆腐

這道菜拌飯超好吃，
新鮮的蚵仔一口吃下，瞬間嚐到大海的甘甜。
這裡使用的醬料超級百搭，
加在其他種類的海鮮與蔬菜也同樣好吃。

海鮮料理

180℃ 10min

材料

* 火鍋豆腐或雞蛋豆腐 …… 1盒
* 鹽巴 …… 1大匙
* 鮮蚵 …… 100g
* 乾豆豉 …… 1大匙

〔調味料〕

醬油 …… 1大匙

米酒 …… 1茶匙

砂糖 …… 1茶匙

白胡椒粉 …… 少許

蔥（切段）…… 2根

蒜頭（切末）…… 2瓣

辣椒（切段）…… 1根

作法

Step 1 　準備一個容器，加入水（可蓋住豆腐的水量，材料分量外）、1大匙鹽巴，攪拌一下再放入豆腐，靜置10分鐘。

Step 2 　煮一鍋水，加入少許鹽巴（材料分量外），水滾後放入鮮蚵汆燙15秒（不需要太久），燙好瀝乾備用。

Step 3 　準備一個耐熱容器，將泡好水的豆腐瀝乾後放入，接著放入燙好的鮮蚵，再放上乾豆豉。

Step 4 　倒入醬油、米酒、砂糖、白胡椒粉、蔥、蒜頭和辣椒，進行調味。

Step 5 　將耐熱容器放入炸籃，以180℃炸10分鐘，就完成了。

氣炸花枝

用氣炸鍋做出來的花枝，同樣Q彈有咬勁。
質地乾爽又下飯，很適合作為便當菜。

海鮮料理

① 180℃　8min
② 180℃　2min

材料

* 花枝（約200g）⋯⋯ 1尾
* 地瓜粉或樹薯粉 ⋯⋯ 適量
* 蒜末 ⋯⋯ 適量
* 蔥花 ⋯⋯ 適量
* 胡椒鹽 ⋯⋯ 適量

作法

Step 1 將花枝切成適口大小，並均勻沾上地瓜粉或樹薯粉。

Step 2 將花枝放入炸籃，抹上一層油，先以180℃炸8分鐘，取出加入蒜末和蔥花並稍微攪拌一下，再以180℃炸2分鐘，就完成了。

炸完後可依個人口味，撒上胡椒鹽或烤肉醬、沙茶醬，增添風味。

泰式檸檬魚

悶熱的夏天裡，就來這一道泰式酸辣檸檬魚開開胃吧！
吃膩了台菜，偶爾來點泰式風情，變換口味吧！

海鮮料理

200℃　35min

材料

* 鱸魚（約300g）…… 1尾
* 洋蔥（切碎）…… 半顆
* 鹽巴 …… 適量
* 白胡椒粉 …… 適量
* 米酒 …… 4大匙

〔泰式檸檬醬〕

* 檸檬汁 …… 35g
* 開水 …… 20g
* 砂糖 …… 10g
* 魚露 …… 15g
* 辣椒（切末）…… 1根
* 香菜末 …… 15g
* 花生粉 …… 15g

作法

Step 1 　將鱸魚切半。因為炸籃無法放進一整尾魚，所以要先切半。

Step 2 　準備一大張烘焙紙，在底部鋪上洋蔥碎，在魚兩面抹上鹽巴、白胡椒粉，放在洋蔥上，再將烘焙紙整個放入炸籃內。

Step 3 　在烘焙紙內倒入米酒，再把烘焙紙收口將魚包起來，以200℃炸35分鐘。

Step 4 　將「泰式檸檬醬」的材料攪拌均勻備用。

Step 5 　取出烘焙紙，先將洋蔥盛盤，再放上魚，最後淋上泰式檸檬醬，就完成了。

DAY
62

金沙魚皮

有人跟我一樣愛吃金沙料理嗎？
鹹香鹹香的滋味，每次一想到就流口水。
有一次吃到新加坡很夯的零食——
鹹蛋黃魚皮，給我做這道料理的靈感，
成品果然是不負我望的超好吃，大家一定要試試看！

200℃　12min

材料

* 虱目魚皮（切小段）…… 6條
* 鹽巴 …… 1/4茶匙
* 米酒 …… 1/2茶匙
* 太白粉 …… 適量
* 橄欖油 …… 適量
* 鹹蛋黃（壓碎）…… 約2～3顆
* 蒜末 …… 適量
* 九層塔 …… 適量
* 砂糖 …… 1茶匙
* 胡椒粉 …… 適量
* 辣椒（可省略）…… 適量

作法

Step 1 取一容器，放入虱目魚皮，加入鹽巴、米酒攪拌混合，醃漬10分鐘。

Step 2 10分鐘後，取出魚皮，用廚房紙巾吸乾水分。

Step 3 將魚皮兩面均勻沾上太白粉，放入炸籃，在魚皮表面抹上一點油，以200℃炸12分鐘。

氣炸期間，記得拉開氣炸鍋翻面一下再繼續炸，讓食材受熱更均勻。

Step 4 平底鍋內加入適量的油，以中大火熱油鍋，放入鹹蛋黃和蒜末，將蛋黃炒至大量冒泡，再將氣炸好的魚皮加入炒鍋中快速拌炒，讓鹹蛋黃完整包覆魚皮即可。

Step 5 起鍋前，再加入九層塔、糖、辣椒，撒上胡椒粉，就完成了。

海鮮料理

DAY
63

鳳梨蝦球

沒想到在家也能輕鬆做出好吃的鳳梨蝦球！
用氣炸鍋製作，油少酥脆又美味。
醬汁也是這道料理的靈魂之一，
讓每塊蝦仁和鳳梨都緊緊巴著檸檬沙拉醬，開胃又好吃。

① 180℃   5min

② 200℃   6→2min

材料

* 蝦仁 …… 200g
* 鳳梨 …… 100g
* 玉米粉 …… 2大匙
* 橄欖油 …… 適量

〔醃漬醬料〕

* 蛋黃 …… 1顆
* 玉米粉 …… 1茶匙
* 沙拉醬 …… 1茶匙

〔檸檬沙拉醬〕

* 沙拉醬 …… 50g
* 檸檬汁 …… 半顆

作法

Step 1　將「醃漬醬料」混合均勻。

Step 2　蝦仁開背或不開背都可以。在蝦仁裡加入醃漬醬料，抓勻醃漬至少10分鐘。

因為蝦仁熟了會縮水，所以可挑選大一點的蝦子，口感較好。

Step 3　將鳳梨切成小片備用。

Step 4　在炸籃內抹上一層油，先以180℃預熱5分鐘。

Step 5　等待預熱同時，製作檸檬沙拉醬，將沙拉醬和檸檬汁拌勻備用。

Step 6　醃好的蝦仁加入玉米粉抓勻，呈現濕潤狀態，放入預熱好的氣炸鍋，用200℃炸6分鐘。

放入蝦仁時要平鋪擺放，盡量不要重疊，

氣炸期間，記得拉開氣炸鍋翻面一下再繼續炸，讓食材受熱更均勻。

Step 7　加入鳳梨跟檸檬沙拉醬拌勻後，用200℃炸2分鐘，即完成。

攪拌後再氣炸一下，讓蝦仁和鳳梨都可均勻的沾上醬汁且更加入味。

海鮮料理

DAY 64

金沙蝦

擁抱鹹蛋黃的蝦子，鹹香鹹香，吃完保證會一直舔手指。
使用帶殼蝦子或是蝦仁都可以，一樣美味！

海鮮料理

200℃　8min

材料

* 白蝦或草蝦 …… 12尾
* 米酒 …… 適量
* 橄欖油 …… 適量
* 鹹蛋黃 …… 3顆
* 蒜末 …… 適量
* 砂糖 …… 1茶匙

作法

Step 1　將蝦子的觸鬚剪掉並洗淨。

Step 2　取一耐熱容器，放入蝦子、淋上一點米酒，放入炸籃，以200℃炸8分鐘。

Step 3　在炒鍋中放入油，以中大火熱油，放入切碎的鹹蛋黃、蒜末、糖，拌炒到蛋黃冒大量泡泡，再放入氣炸好的蝦子，快速拌炒，讓蛋黃均勻沾裹蝦子即可起鍋。

可依個人喜好，撒上辣椒圈或九層塔，增添風味。

氣炸鹽草蝦

氣炸蝦也是一道翹著腳就能坐等開飯的料理。
除了鹽草蝦,也可以加入無鹽奶油、蒜末,
做成奶油蒜香蝦,一樣「賀呷」!

200℃   8-10min

材料

* 白蝦或草蝦 …… 12尾
* 米酒 …… 適量
* 鹽巴 …… 適量

作法

Step 1　將蝦子的觸鬚剪掉,稍微沖洗乾淨,先抹上一點米酒輕輕拌一下,再抹上一層薄薄的鹽巴。

因為要裹鹽,建議使用冷藏或新鮮常溫蝦。如使用冷凍蝦需先退冰,以免鹽巴沾黏不上去。

Step 2　把蝦子放入炸籃,以200℃炸8～10分鐘,就完成了。

氣炸期間,記得拉開氣炸鍋翻拌一下再繼續,讓食材受熱更均勻。

蝦仁毛豆時蔬

冰箱有什麼就加什麼，應該是媽媽們的強項。
選擇當季時蔬，不僅便宜也是最好吃的時候，
再稍微搭配一下食材顏色，
就是一道色香味俱全的秒殺料理！

① 160℃ 6min
② 180℃ 6min

材料

✽ 毛豆 ⋯⋯ 120g　✽ 蝦仁 ⋯⋯ 200g　✽ 甜椒（切塊）⋯⋯ 1顆　✽ 蘑菇（切半）⋯⋯ 6朵
✽ 蒜頭（切末）⋯⋯ 2瓣　✽ 鹽巴 ⋯⋯ 少許　✽ 黑胡椒粉 ⋯⋯ 少許　✽ 橄欖油 ⋯⋯ 適量

作法

Step 1　將毛豆、蝦仁、甜椒、蘑菇、蒜末放入炸籃，加入鹽巴和黑胡椒拌勻
調味，在食材表面刷上一層油。

Step 2　以160℃炸6分鐘，取出翻拌一下，再用180℃炸6分鐘，就完成了。

PART 5 /

TAIWAN TASTE
台味家常菜

DAY
67

XO醬炒茄子

茄子的烹調方式十分多變。用氣炸鍋料理茄子時,
先掌握「泡鹽水、肉劃十字、正確氣炸方向」的三大原則,
再視個人喜好加入各式醬料或配料,做出各種變化。

180℃   8min

材料

* 茄子（約120g）⋯⋯ 1條
* 開水 ⋯⋯ 適量
* 鹽巴 ⋯⋯ 1茶匙
* XO醬 ⋯⋯ 1大匙
* 橄欖油 ⋯⋯ 適量

作法

Step 1　先將鹽巴加入水攪拌均勻後,放入切塊茄子
浸泡約10分鐘備用。

Tips　茄子泡鹽水,可減緩氧化速度,避免變黑。

Step 2　在茄子白肉部分用刀尖劃上十字後,將白肉
朝上,放入底部抹油的炸籃。

Tips　氣炸蔬菜料理時,記得都要先抹油再氣炸,避免
食材過乾。

Step 3　以180℃炸8分鐘後,淋上XO醬,就完成了。

DAY
68

起司茄子

茄子炸完後會呈現外脆內軟的狀態。
表層的茄子皮搭配起司炸起來十分香酥,類似義式餐廳的香濃焗烤料理,
咬下卻是蔬菜的清爽口感,十分特別,推薦大家一定要試試看。

❶ 160℃　8min
❷ 160℃　2min

材料

* 茄子(約120g)──1條
* 開水　適量
* 鹽巴　1茶匙
* 起司絲　適量
* 黑胡椒粉　適量
* 橄欖油　適量

作法

Step 1　先將鹽巴加入水攪拌均勻後,放入切塊茄子浸泡約10分鐘備用。

茄子泡鹽水,可減緩氧化速度,避免變黑。

Step 2　在茄子白肉部分用刀尖劃上十字後,將白肉朝上,放入底部抹油的炸籃。

氣炸蔬菜料理時,記得都要先抹油再氣炸,避免食材過乾。

Step 3　先以160℃炸8分鐘,鋪上起司絲、撒上黑胡椒粉後,再以160℃炸2分鐘,完成。

破布子炒水蓮

常見的水蓮除了用炒鍋料理外，利用氣炸鍋也很適合喔！
等待氣炸的時間就可用炒鍋來料理別道菜，大大縮短做菜時間。

 1 180℃   3min

2 180℃ 4min

材料

* 水蓮（約180g）⋯⋯ 1包
* 蒜頭（切末）⋯⋯ 2瓣
* 破布子 ⋯⋯ 1大匙
* 薑絲 ⋯⋯ 適量
* 鹽巴 ⋯⋯ 適量
* 橄欖油 ⋯⋯ 適量

作法

Step 1　將水蓮洗乾淨切成數段備用。

Step 2　在耐熱容器內抹上一層薄薄的油，再放入蒜頭、破布子，以180℃炸3分鐘。

Step 3　將水蓮放入氣炸鍋內，在表面刷上一層油，繼續以180℃炸4分鐘。炸的期間記得拉出來拌一拌，並加入薑絲跟鹽巴，就完成了。

香菇甜豆綜合食蔬

利用氣炸鍋製作蔬菜料理，
不僅用油量較少、口感清爽，享受食材本身的天然風味。
隨意搭配自己喜歡吃的季節蔬菜，然後放心的交給氣炸鍋就能坐等上菜了！

台味家常

 160℃ 10min

材料

* 玉米筍 ⋯⋯ 100g
* 香菇 ⋯⋯ 4朵
* 甜豆 ⋯⋯ 150g
* 蒜頭（切末）⋯⋯ 2瓣
* 開水 ⋯⋯ 1大匙
* 鹽巴 ⋯⋯ 適量
* 黑胡椒粉 ⋯⋯ 適量
* 橄欖油 ⋯⋯ 適量

作法

Step 1 準備一個耐熱容器，在底部刷上一點油後，將所有食材放入，再淋上一大匙的開水。

氣炸蔬菜類料理時，加入一點水可以防止食材過乾。

Step 2 以160℃炸10分鐘。氣炸期間，記得拉開氣炸鍋攪拌一下再繼續，攪拌時可加入鹽、黑胡椒粉調味，或完全炸完後再調味。

 DAY 71

豆皮炒花椰

豆皮煎炸過後會有獨特的香氣，搭配上蔬菜會有美味加乘的效果。
這道料理乾爽、沒有多餘水分，也很適合作為便當菜。

① 200℃　5min
② 160℃　7min

材料

＊ 生豆皮（約120g）⋯⋯ 2片
＊ 花椰菜 ⋯⋯ 1顆
＊ 蒜頭（切末）⋯⋯ 2瓣
＊ 橄欖油 ⋯⋯ 適量

作法

Step 1　將生豆皮切成塊狀或條狀，放入炸籃，
表面再刷上一層油，以200℃炸5分鐘。

Step 2　接著再把切好的花椰菜、蒜末放入氣炸
鍋內，連同豆皮再以160℃炸7分鐘，就
完成了。

氣炸蔬菜料理時，記得都要先抹油再氣炸，
避免食材過乾。我喜歡在氣炸肉料理後運用
多餘的油來氣炸蔬菜，省油不浪費。

氣炸期間，記得拉開氣炸鍋攪拌一下再繼續
炸，讓食材受熱更均勻。

LEVEL
72

台味家常

小魚乾糯米椒

這道有著微辣滋味的小魚乾糯米椒非常下飯，
只要它出現，飯就要多煮一點。
也可以再加點肉片或蝦仁，做出更豐富營養的菜色變化。

材料

❶ 180℃　5min
❷ 180℃　5min

* 橄欖油 —— 1茶匙
* 蒜頭（切末）—— 2瓣
* 小魚乾 —— 30g
* 糯米椒（切小塊）—— 150g
* 辣椒（切小塊）—— 1條
* 米酒 —— 1/2茶匙
* 砂糖 —— 1茶匙
* 鹽巴 —— 適量
* 胡椒鹽 —— 適量

作法

Step 1　準備一個耐熱容器，在底部抹上一層油後，放入蒜末和小魚乾，再放入氣炸鍋內以180℃炸5分鐘。

Step 2　拉開氣炸鍋，再放入糯米椒、辣椒、米酒，用180℃繼續炸5分鐘。完成時撒上糖、鹽巴和胡椒鹽拌勻，就完成了。

DAY 73

氣炸豆乾

這道氣炸豆乾不管是原味還是加入醬料,都很美味。

材料

* 豆乾 …… 8塊
* 烤肉醬(可依個人喜好省略)…… 適量

  200℃　10min

作法

Step 1 　將豆乾切成小塊狀(可依個人喜好切成各種形狀),放入炸籃並刷上烤肉醬或喜好的醬料,以200℃炸10分鐘,就完成了。

level
74

豆皮香蔥捲

生豆皮包青蔥，炸完直接吃、撒胡椒粉，或刷上任何醬料都好吃！
想要鹹沙茶？辣豆瓣？還是和風味？刷上自己喜歡的口味，最對味！

材料

* 生豆皮（冷藏）⋯⋯ 3片
* 青蔥（切段）⋯⋯ 5根
* 烤肉醬或醬油 ⋯⋯ 適量

1 200℃　5min
2 200℃　3min

作法

Step 1　先將冷藏的生豆皮攤開成長片狀，再放上蔥段並捲起包覆。

Step 2　將豆皮蔥捲放進炸籃，以200℃炸5分鐘，取出在豆皮表面刷上烤肉醬
或醬油，再氣炸3分鐘，就完成了。

DAY 75

麻油雞心

軟嫩入味的雞心,加上濃濃的麻油香氣,
光聞香味就覺得有夠幸福!

① 180℃　5min
② 160℃　8min

材料

* 雞心 ⋯⋯ 200g
* 麻油 ⋯⋯ 2大匙
* 薑片 ⋯⋯ 10片
* 米酒 ⋯⋯ 2大匙
* 鹽巴 ⋯⋯ 1/2茶匙

作法

Step 1　準備一耐熱容器,放入麻油、薑片,
再放入炸籃,以180℃炸5分鐘,進行
預熱並爆香。

Step 2　放入雞心、米酒、鹽巴,拌一拌,以
160℃炸8分鐘,完成。

76

肉絲炒油菜

肉絲炒油菜或是肉絲炒芥蘭菜，
都是我家餐桌常見的料理，平凡簡單的好滋味。

❶ 180℃　3min

❷ 180℃　6min

材料

* 油菜 ⋯⋯ 180g
* 豬肉絲 ⋯⋯ 50g
* 開水 ⋯⋯ 50cc
* 蒜頭（切末）⋯⋯ 3瓣
* 橄欖油 ⋯⋯ 1茶匙
* 鹽巴 ⋯⋯ 1/4茶匙

作法

Step 1　準備一耐熱容器，放入油、蒜末、豬肉絲，稍微翻拌一下再放入炸籃，以180℃炸3分鐘，進行預熱並爆香。

Step 2　將油菜、50cc的水放入，拌一拌，在油菜表面抹點油，以180℃炸6分鐘。

氣炸期間，記得拉開氣炸鍋攪拌一下再繼續，讓食材受熱更均勻。

Step 3　氣炸完成取出，加入鹽巴拌一拌調味，就完成了。

三杯米血

這道簡單又銷魂的三杯米血，當點心或是配菜，
都非常的「涮嘴」！當作宵夜或下酒菜也很適合。

材料

* 米血（切塊）…… 200g
* 橄欖油 …… 1茶匙
* 薑片 …… 8片
* 去皮蒜頭 …… 8瓣
* 九層塔 …… 適量

〔醬料〕

* 米酒 …… 2大匙
* 麻油 …… 2大匙
* 醬油膏 …… 2大匙

❶ 180℃　　3min
❷ 180℃　　5→3min

作法

Step 1　準備一耐熱容器，放入橄欖油、薑片、蒜頭，以180℃炸3分鐘，預熱並爆香。

Step 2　放入米血，以180℃炸5分鐘。

Step 3　放入醬料拌一拌，以180℃炸3分鐘，完成時放入適量九層塔悶30秒即可。

台味家常

麵包屑炸花椰菜

這是我自己在廚房裡亂試亂加，不小心搭配出來的料理，
意外的好吃呢！又酥又香，不愛吃菜的小朋友也會喜歡喔！

材料

200℃　12min

* 綠花椰 …… 1顆
* 全蛋 …… 1顆
* 橄欖油 …… 適量

〔調味麵包粉〕

- 炒過的麵包粉 …… 70g
- 鹽巴 …… 2g
- 黑胡椒粉 …… 2g
- 蒜頭（切末）…… 3瓣

作法

Step 1 　將綠花椰洗淨切小朵；雞蛋打成蛋液備用。

Step 2 　取一容器，放入炒過的麵包粉、鹽、黑胡椒粉、蒜末，攪拌混合均勻。

Step 3 　將花椰菜沾附蛋液，再沾裹調味麵包粉後，放入炸籃，在表面抹上一層油，以200℃炸12分鐘。

DAY 79

蠔油炒雙菇

每當我想要偷懶的時候，
好處理又很快熟的菇類食材，就是我快速上菜的利器。
加上蠔油、香菜，就是一道香噴噴的家常料理。

台味家常

① 160℃　8min
② 160℃　2min

材料

* 雪白菇 —— 1包，約120g
* 鴻禧菇 —— 1包，約120g
* 橄欖油 —— 1茶匙
* 蒜頭（切末）—— 3瓣
* 蠔油 —— 1大匙
* 黑胡椒粉 —— 適量
* 鹽巴 —— 適量
* 青蔥（切末）—— 2根

作法

Step 1　將雪白菇、鴻禧菇切好洗淨備用。

Step 2　準備一耐熱容器，抹上一層油，放入蒜末，再放入雙菇，以160℃炸8分鐘。

Step 3　拉開氣炸鍋，再放入蠔油、黑胡椒粉、鹽巴，攪拌均勻，以160℃炸2分鐘。

Step 4　完成後放入蔥花拌勻即完成。

酥炸杏鮑菇

每次去夜市或老街買現炸杏鮑菇，都覺得吃不過癮，
酥脆外皮包裹著多汁杏鮑菇，讓人一口接一口。
自從有了氣炸鍋，想吃多少就炸多少，在家就能享受到幸福美味。

DAY
80

① 200℃ 15min
② 200℃ 5min

材料

* 杏鮑菇（約300g）…… 4根
* 鹽巴 …… 少許
* 胡椒鹽 …… 適量
* 全蛋 …… 1顆
* 地瓜粉 …… 適量
* 橄欖油 …… 適量

作法

Step 1 將杏鮑菇切丁後，加入鹽巴拌勻，靜置10分鐘，讓杏鮑菇出水後，稍微用開水清洗後，再將水分瀝掉。

杏鮑菇烹煮後會縮水，可以稍微切大塊一點，口感較好。

Step 2 在杏鮑菇中加入1茶匙胡椒鹽、打入雞蛋，用手拌勻。

Step 3 加入地瓜粉，均勻地裹在杏鮑菇上，靜置5分鐘，等待反潮（表面潮濕）。

Step 4 在炸籃內側抹上一層油，放入杏鮑菇，在杏鮑菇表面也刷上一點油。

Step 5 先用200℃炸15分鐘，拉開氣炸鍋攪拌一下後，再用200℃炸5分鐘，最後撒上少許胡椒鹽，就完成了。

你也可以這樣做

如果沒時間裹粉，也可以將杏鮑菇直接氣炸。同步驟1的方法，先用一點鹽巴抓拌均勻，讓杏包菇出水後，再放入氣炸鍋以180℃炸10分鐘即可。可依個人口味撒點胡椒、鹽巴、五香粉，簡單又美味。

81

奶油絲瓜蛤蜊

每年到了絲瓜盛產季節，
我家餐桌一定就會出現絲瓜蛤蜊這道經典家常菜。
加入了薑絲和奶油，可去掉原有的腥味，多了淡淡清香。
掌握氣炸鍋時間，讓絲瓜脆口不軟爛。

台味家常

材料

* 絲瓜（削皮切塊，約500g）⋯⋯⋯1條
* 蛤蜊⋯⋯ 8顆
* 鹽巴⋯⋯ 適量
* 無鹽奶油⋯⋯ 10g
* 薑絲⋯⋯ 適量

❶ 180℃	10min
❷ 180℃	10-15min

作法

Step 1 準備一個耐熱容器，將所有材料放入，再用錫箔紙
包覆住容器表面。

Step 2 在氣炸鍋底籃中倒入半杯水（材料分量外），再將耐熱容器放入炸籃
中，以180℃炸10分鐘。

底籃主要是氣炸鍋的盛接食材多餘油脂的地方，倒入水是為了模擬電鍋煮
菜。

Step 3 拉開氣炸鍋，將錫箔紙拿掉，繼續以180℃炸10～15分鐘。

氣炸期間，記得拉開氣炸鍋攪拌一下再繼續，讓食材受熱更均勻。

白醬焗雙菜

加了滿滿牛奶的白醬香濃又營養。
牛奶補鈣保護骨骼，蔬菜提供纖維幫助消化，為活力大加分。
用不完的白醬除了做義大利麵外，沾麵包也很好吃喔！

160℃   8-10min

材料

* 花椰菜 —— 100g
* 娃娃菜 —— 100g
* 鹽巴 —— 適量
* 起司絲 —— 50g
* 水 —— 1米杯

〔萬用白醬〕

* 無鹽奶油 —— 40g
* 低筋麵粉 —— 45g
* 牛奶 —— 360g
* 帕瑪森起司粉 —— 1大匙
* 黑胡椒粉 —— 1/4茶匙
* 鹽巴 —— 1/4茶匙

作法

Step 1　將花椰菜與娃娃菜洗淨切塊備用。

Step 2　製作萬用白醬。用中小火將奶油融化後，加入低筋麵粉攪拌至吸飽奶油，再分次倒入牛奶，每次加入時，要注意攪拌至看不到牛奶後，再繼續倒入，最後加入起司粉攪拌拌勻，完成後會呈現濃稠狀，再加入鹽和黑胡椒粉即完成白醬。

此製作分量大約為400g，做這道料理時會用掉200g，剩下的可以密封冷藏，於3～5天內用完，用來煮濃湯或義大利麵都很好吃。

白醬冷卻後會凝結成固體，這是正常的，加熱即會恢復正常濃稠狀。

Step 3　準備一個炒鍋，倒入一杯水和步驟1的蔬菜，以中火悶煮約8分鐘，將殘留的水倒出，再加入200g白醬拌炒一下，並加入鹽巴調味。

Step 4　將步驟3的白醬蔬菜倒入耐高溫的容器中，再鋪上起司絲，放入氣炸鍋以160℃炸8～10分鐘，就完成了。

糖醋板豆腐

豆腐類料理中的糖醋口味,氣炸鍋就能做。
除了氣炸豆腐的基底外,醬汁是關鍵,只要掌握了這兩個項目,
就能自由變換出自己的專屬好料。

① 180℃　10min
② 200℃　3min

材料

* 板豆腐 …… 1盒
* 橄欖油 …… 1大匙

〔糖醋醬〕

橄欖油 …… 1大匙

番茄醬 …… 2.5大匙

白醋 …… 2大匙

砂糖 …… 2大匙

開水 …… 2大匙

鹽巴 …… 少許

太白粉水（粉水比例可
自行調配）…… 適量

作法

Step 1 製作糖醋醬。準備一個小鍋子，倒
入一匙油以中小火熱鍋。先倒入番
茄醬炒香，接著加上白醋、糖、開
水、鹽巴，拌炒均勻後再加入太白
粉水勾芡即完成。

Step 2 將板豆腐切成9小塊，在豆腐的每
個面皆抹上一層油。放入炸籃，先
以180℃炸10分鐘，取出翻面再用
200℃炸3分鐘，取出盛盤。

Step 3 將糖醋醬淋在豆腐上，就完成了。

你也可以這樣做

若覺得只有糖醋豆腐太單調，也可準備一些甜椒、洋蔥（蔬菜類記
得抹上一層油，避免食材太乾），切成差不多的大小。先將板豆腐
以180℃炸10分鐘，取出翻面並放入甜椒、洋蔥，再用200℃炸3分
鐘即可。

羊肉炒芥蘭菜

一般人會以為氣炸鍋只能用來料理肉類、海鮮，
其實用它來拌炒蔬菜也是很不錯喔！雖然口感無法跟炒的一模一樣，
但簡單好操作又不用開火，很方便喔！
尤其半夜想來盤蔬菜料理，都不用怕吵到別人了。

台味家常

材料

* 芥蘭菜 ⋯⋯ 1把
* 蒜頭（切末）⋯⋯ 3瓣
* 開水 ⋯⋯ 30ml
* 羊肉片 ⋯⋯ 100g
* 鹽巴 ⋯⋯ 適量
* 橄欖油 ⋯⋯ 適量

❶ 200℃　1min
❷ 180℃　2→2→1min

作法

Step 1　將芥蘭菜洗淨切段備用。

Step 2　準備一個6吋不沾蛋糕模或耐熱容器，在底部噴點油，放入蒜末、1/3
的芥蘭、開水和羊肉片，以200℃炸1分鐘。

Step 3　拉開氣炸鍋，攪拌一下再加入1/3芥蘭、抹上一層油，以180℃炸2分
鐘；同樣方式，加入剩下的芥蘭，炸2分鐘。

葉菜類烹調前體積大，所以要分次放入。

將芥蘭分次放入並一邊刷油，這樣青菜的水分才能被油保護住。

Step 4　加入鹽拌一拌，以180℃炸1分鐘，即完成。

皮蛋炒地瓜葉

地瓜葉拌醬油膏或是油蔥酥就很好吃了，
偶爾想來點小變化時，就加入皮蛋一起炒。
簡單樸實的古早味，我從小吃到大，現在換我做給兒子們吃，
也算是一種美味傳承。

材料

* 地瓜葉 ⋯⋯ 120g
* 皮蛋（切小塊）⋯⋯ 1顆
* 蒜頭（切末）⋯ 3瓣
* 橄欖油 ⋯⋯ 1茶匙
* 開水 ⋯⋯ 50ml
* 鹽巴 ⋯⋯ 1/4茶匙

① 180℃ 3min
② 180℃ 1→2→2min

作法

Step 1 準備一耐熱容器，放入皮蛋、蒜末、1茶匙油拌一下，放入炸籃，先以180℃炸3分鐘，進行預熱並爆香。

Step 2 將地瓜葉分三次放入，每放入一次就要攪拌一下並刷點油。加入第一次地瓜葉時，同時加入50ml的開水，以180℃炸1分鐘；第二次炸2分鐘；最後一次炸2分鐘。

每加入一次地瓜葉就要進翻拌並刷一點油，避面表面太乾。

葉子多的蔬菜，需要分次放入，避免量太多時，太靠近氣炸鍋上面的加熱器，容易燒焦；若梗比較多的蔬菜，就可以一次下比較多量。

Step3 氣炸後，加入鹽拌一拌調味一下，即完成。

乾扁四季豆

好吃的乾扁四季豆，超級下飯。
加上豬絞肉潤滑的天然油脂，好吃度不輸用炒的喔！
用氣炸的方式簡單出菜囉！

台味家常

❶ 160℃　5min
❷ 180℃　5min
❸ 200℃　2min

材料

* 四季豆　　　　200g
* 豬絞肉　　　　60g
* 白胡椒粉　　　1/4茶匙
* 橄欖油　　　　適量
* 蒜頭（切末）　3瓣
* 乾辣椒　　　　2大匙
* 胡椒鹽　　　　適量

作法

Step 1　將四季豆洗淨切段備用。

Step 2　豬絞肉加入白胡椒粉，抓拌均勻備用。

Step 3　準備一個耐熱容器，在底部刷上一層油，放入蒜末、四季豆，最後再鋪上豬絞肉。

Step 4　放入炸籃，以160℃炸5分鐘，拉開氣炸鍋攪拌一下，以180℃炸5分鐘，再拉出加入乾辣椒、胡椒鹽攪拌均勻，最後再以200℃炸2分鐘。

蔬菜烘蛋

將蔬菜藏在蛋液裡,調味一下,
讓氣炸來完成它,少油但又不失美味,零技巧,
跟著我簡單做,大家都能做出蓬蓬的烘蛋。
這是道人人都會愛上料理,尤其是不愛吃蔬菜的小朋友,
都能一口接一口喔!

台味家常

① 180℃　3min
② 180℃　6→6min

材料

* 甜椒 …… 半顆
* 花椰菜 …… 4小朵
* 九層塔 …… 少許
* 全蛋 …… 4顆
* 牛奶 …… 2大匙
* 鹽巴 …… 適量
* 起司粉 …… 適量
* 橄欖油 …… 適量

作法

Step 1　將甜椒、花椰菜洗淨,切成大小相近的塊狀。

Step 2　取一容器,打入雞蛋,加入牛奶、切好的蔬菜、九層塔、撒上鹽巴和起司粉,攪拌均勻。

Step 3　準備一個耐熱容器(我是用6吋不沾蛋糕模),在容器底部和周圍都抹上一層薄薄的油後,放入炸籃以180℃預熱3分鐘。

Step 4　預熱完成後,將步驟2材料倒入,以180℃炸6分鐘,拉開氣炸鍋攪拌一下,避免表面太焦,再繼續炸6分鐘,即完成。

甜椒鑲蛋

那個誰誰誰，家裡是不是也有不愛吃蔬菜的小孩，
教大家把一些菜放到甜椒裡，再用蛋液和起司把它們封起來，
神不知鬼不覺的騙小孩吃下，哈哈，這就是我的妙招，
分享給其他苦惱的媽媽們。

1 150℃　10→5min
2 150℃　5min

材料

＊ 甜椒 ⋯⋯ 2顆　＊ 全蛋 ⋯⋯ 2顆　＊ 毛豆 ⋯⋯ 適量　＊ 玉米粒 ⋯⋯ 適量
＊ 花椰菜 ⋯⋯ 適量　＊ 鹽巴 ⋯⋯ 適量　＊ 黑胡椒粉 ⋯⋯ 適量　＊ 起司絲 ⋯⋯ 適量

作法

Step 1　將甜椒切掉蒂頭，把籽清空，清洗乾淨。

Step 2　在甜椒內打入雞蛋、放入綜合蔬菜、撒上鹽巴與黑胡椒，攪拌均勻。

Step 3　將甜椒放入炸籃，以150℃炸10分鐘，拉開氣炸
鍋，將表面烤熟的蛋戳破攪一攪，幫助裡面餡料更
快熟，繼續炸5分鐘。

以低溫氣炸，才能保留蔬菜的甜味與水分。

Step 4　拉開氣炸鍋，在表面撒上起司絲，再炸5分鐘，即
完成。

椒鹽皮蛋

皮蛋算是我家冰箱的常備食材之一，
想要涼爽消暑時，就做成皮蛋豆腐；
想要來點酥炸重口味時，
就做成這道椒鹽皮蛋，下飯又下酒！

台味家常

① 180℃ 5min
② 180℃ 3min

材料

* 皮蛋 —— 3顆
* 低筋麵粉 —— 適量
* 橄欖油 —— 適量
* 蔥花 —— 適量
* 蒜末 —— 適量
* 辣椒（切碎）—— 適量
* 胡椒鹽 —— 1/4茶匙

作法

Step 1　將整顆皮蛋用滾水煮3分鐘，使蛋黃稍微凝固（比較好切）。取出放涼再剝殼並切成四等分。

Step 2　將皮蛋沾附少許低筋麵粉，放入耐熱容器，在皮蛋表面抹上一層油後，放入炸籃，以180℃炸5分鐘。

Step 3　拉開氣炸鍋，放入蔥花、蒜末、辣椒，攪拌均勻，繼續炸3分鐘。

Step 4　加入胡椒鹽拌勻，即完成。

三色蛋

鹹蛋、皮蛋、雞蛋，三蛋合一！
可以一次吃到三種蛋的不同口感，
視覺味覺都很有層次的家常風味。

160℃   10→5→5min

材料

* 雞蛋 ⋯⋯ 3顆
* 鹹蛋 ⋯⋯ 1顆
* 皮蛋 ⋯⋯ 2顆
* 橄欖油 ⋯⋯ 適量

作法

Step 1 將雞蛋的蛋白、蛋黃分開備用。

Step 2 將鹹蛋的蛋白、蛋黃分開，分別切成小塊備用。

Step 3 將皮蛋切小塊備用。

Step 4 準備一個耐熱容器，在底部跟四周都抹油，並在底部鋪一張烘焙紙，這樣炸好時，蛋比較不會黏在容器上。

Step 5 先在容器內鋪上鹹蛋黃、皮蛋，再放入已經混合的雞蛋蛋白和鹹蛋蛋白，放入氣炸鍋，先以160℃炸10分鐘後，倒入蛋黃液，再以160℃炸5分鐘，表面包覆錫箔紙，最後用160℃炸5分鐘，就完成了。

咖哩香腸蛋炒飯

隔夜飯大變身！
這個少油版的氣炸炒飯，不會太油也不會太乾，而且粒粒分明，很好吃喔！
重點是，不用炒到大粒汗、小粒汗一直流了。

① 180℃	3min
② 170℃	5→5min
③ 170℃	2→5min

材料

* 白飯 …… 1碗，約200g
* 全蛋 …… 1顆
* 鹽巴 …… 適量
* 咖哩粉 …… 1/2茶匙
* 熟香腸（切丁）…… 1條
* 熟玉米粒 …… 1大匙
* 橄欖油 …… 適量

作法

Step 1 準備1個耐熱容器，底部噴油後，放入氣炸鍋以180℃炸3分鐘預熱。

Step 2 將白飯、蛋 、鹽巴、咖哩粉抓拌均勻備用。

Step 3 把步驟2的材料倒入預熱好的耐熱容器中，以170℃炸5分鐘後，拉出氣炸鍋放入香腸丁、玉米粒，攪拌一下並在表面噴油，再用170℃炸5分鐘，拉出來攪拌一下，再繼續用170℃炸2～5分鐘，就完成了。

時蔬炒麵

氣炸鍋也能做炒麵？沒錯，氣炸鍋就是這麼萬能，
一次可製作1～2人的分量，簡單做，快樂吃！

台味家常

材料

* 橄欖油 —— 1茶匙
* 紅蘿蔔（切絲）—— 20g
* 洋蔥（切絲）—— 半顆
* 蒜頭（切末）—— 3瓣
* 香菇（切絲）—— 2朵
* 油麵 —— 200g
* 開水 —— 1米杯
* 白胡椒粉 —— 1/4茶匙
* 醬油 —— 1茶匙
* 烏醋 —— 1/4茶匙
* 青蔥（切段）—— 1根

❶ 180℃　3min
❷ 200℃　5min

作法

Step 1 　準備一耐熱容器，放1茶匙油後，再放入紅蘿蔔絲、洋蔥絲、蒜末、香菇絲，以180℃炸3分鐘，進行預熱與爆香。

Step 2 　加入油麵、1米杯水、白胡椒粉、醬油，拌一拌，以200℃炸5分。

　　每1～2分鐘拉出來拌一拌，再繼續氣炸，使受熱更均勻。

Step 3 　氣炸完成，取出淋上烏醋和蔥段，美味的炒麵就完成囉。

PART 6 / DESSERT

氣炸鍋點心

DAY
93

氣炸玫瑰戚風蛋糕

用氣炸鍋也能做出漂亮又好吃的戚風蛋糕，
而且成品不會凹縮、質地組織也很棒。
不過記得麵糊不要倒太滿，太接近發熱線容易燒焦，
就會變黑玫瑰蛋糕了喔！

❷ 180℃　5min
❷ 150℃　20min
❸ 160℃　10min

材料

✳ 蘋果 ····· 半顆
✳ 橄欖油 ····· 30g
✳ 牛奶 ····· 50g
✳ 低筋麵粉 ····· 50g
✳ 蛋黃 ····· 3顆
✳ 蛋白 ····· 3顆
✳ 細砂糖 ····· 50g

作法

Step 1 　將先將蘋果切片，再泡鹽水備用。
低筋麵粉過篩備用。

Step 2 　將油和牛奶用小火烹煮，邊加熱邊
攪拌至鍋邊冒小泡，即可熄火。

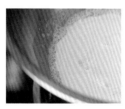

Step 3 　在步驟2的鍋中先加入低筋麵粉拌
勻，再加入蛋黃繼續攪拌均勻，完
成蛋黃糊備用。

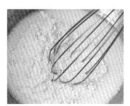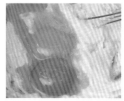

Step 4　將氣炸鍋以180℃預熱5分鐘。

Step 5　打發蛋白。取一容器放入
　　　　蛋白，將砂糖分三次加
　　　　入，以電動打蛋器打發至
　　　　蛋白呈現小尖勾狀態，完
　　　　成蛋白霜。

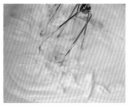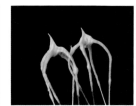

Step 6　先挖1/3蛋白霜放到步驟3
　　　　的蛋黃糊內拌勻，再將拌
　　　　好的蛋黃糊倒入剩下的蛋
　　　　白霜中切拌均勻，即完成
　　　　蛋糕糊。

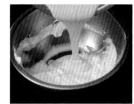

Step 7　準備一個6吋活動蛋糕模，將蛋糕糊倒入約8分
　　　　滿。

Step 8　鋪上蘋果片，放入炸籃，先以150℃炸20分鐘，
　　　　取出，蓋上鋁箔紙再繼續，再用160℃炸10分
　　　　鐘，最後悶5分鐘就完成了。

Tips1　蓋上鋁箔紙再繼續氣炸，避免蛋糕表面烤焦。

Tips2　堅果類與水果類的氣炸溫度，記得不要超過160℃。

DAY
94

氣炸可樂餅

我會趁有空閒時，一次做好一些可樂餅放在冰箱冷凍保存，
想吃就可直接取出氣炸一下，快速完成！

材料

〔洋蔥馬鈴薯泥〕

* 馬鈴薯（削皮切片）…… 2顆，約400g
* 鹽巴 …… 1/4茶匙
* 牛奶 …… 160g
* 無鹽奶油 …… 20g
* 帕瑪森起司粉 …… 20g
* 橄欖油 …… 適量
* 洋蔥（切末）…… 半顆
* 豬絞肉 …… 60g

❶ 180℃　5min
❷ 200℃　3min

〔可樂餅〕

✿ 低筋麵粉 …… 適量
✿ 蛋液 …… 3顆
✿ 炒過的麵包粉 …… 適量

作法

Step 1 製作洋蔥馬鈴薯泥。取一耐熱容器，放入馬鈴薯片、鹽巴、牛奶，放入電鍋，在外鍋倒1.5杯水（材料分量外）蒸熟。

Step 2 馬鈴薯蒸熟後，加入無鹽奶油和帕瑪森起司粉，用攪拌器打成泥狀備用。

Step 3 準備一個炒鍋，先加少許油，再放入洋蔥末跟豬絞肉炒熟後，加入步驟2的馬鈴薯泥攪拌均勻，就完成了。

Step 4 將馬鈴薯泥以每顆70g的分量分成約6顆。先用手捏成圓球狀，再稍微壓扁成厚片狀。

Step 5 將每顆馬鈴薯泥依照低筋麵粉、蛋液、麵包粉的順序沾裹，製作成可樂餅。

Step 6 把可樂餅放入炸籃，先以180℃炸5分鐘，取出翻面，再以200℃炸3分鐘，就完成了。

蜜汁腰果

腰果加蜂蜜炸一下,就會有像糖葫蘆般的蜜糖外皮,超涮嘴。
當作外出小點心或是宅在家追劇的零食,都很適合。

❶ 160℃　10min
❷ 160℃　5min

材料

* 生腰果 ⋯⋯ 200g
* 鹽巴 ⋯⋯ 2g
* 蜂蜜 ⋯⋯ 30g

作法

Step 1 先將生腰果用水清洗一下,用廚房
紙巾擦乾,再撒上鹽巴拌勻。

Step 2 將腰果放入炸籃,以160℃炸10分
鐘(這10分鐘內可以不定時的拉出
來攪拌一下)。淋上蜂蜜拌勻,讓
每顆腰果都沾滿蜂蜜,再炸5分鐘
就完成了。

Tips1 氣炸完成時,可將腰果平鋪在烘焙紙
或容器內,靜置冷卻。冷卻後的蜂蜜
氣味才會更加明顯。

Tips2 堅果類與水果類的氣炸溫度,記得不
要超過160℃。

奶油酥條

普通的吐司，經過氣炸鍋的加持後，也能讓人眼睛一亮。
簡簡單單、酥酥脆脆，甜蜜蜜的滋味，平凡就是幸福。

① 160℃ 10min
② 160℃ 5min

材料

* 厚片吐司 …… 2片
* 無鹽奶油 …… 30g
* 砂糖 …… 適量

作法

Step 1 將厚片吐司切成長條狀，約可切成8條。

Step 2 將無鹽奶油微波或隔水加熱融化。

Step 3 吐司條刷上奶油後，再撒上適量的砂糖。

Step 4 將吐司條放入炸籃，以160℃炸10分鐘，取出翻面。接著再氣炸5分鐘，最後5分鐘，請每1分鐘就要取出翻面一次，讓吐司四面受熱均勻。

葡式蛋塔

利用現成酥皮，加上自己的特調布丁液，
快速完成大人小孩都喜歡的多層次酥皮蛋塔。
這道秒殺點心，冰冰的吃也很好吃喔！

材料

* 冷凍酥皮⋯⋯ 4片
* 全蛋⋯⋯ 1顆
* 蛋黃⋯⋯ 1顆
* 細砂糖⋯⋯ 40g
* 牛奶⋯⋯ 80g
* 動物鮮奶油⋯⋯ 80g

❶ 180℃　3min
❷ 160℃　25min

作法

Step 1　將冷凍酥皮取出，在室溫稍微放軟後，於每片酥皮上刷點水。

Step 2　將四片酥皮一片接一片，再捲成柱狀。

Step 3　把起酥捲以約1公分的長度，切成小段，約可切十個。

Step 1　將起酥捲壓扁，再用擀麵棍擀成片狀，再放入鋁箔杯（上直徑8公分，底直徑4.8公分）中，再調整形狀一下，放入冰箱冷藏備用。

Step 5　取一容器，先放入全蛋、蛋黃、**糖**攪拌均勻，先倒入牛奶拌勻，再加入動物鮮奶油拌勻，布丁液就完成了。

Step 6　將布丁液以篩網過篩一次，可以讓口感更為細緻。

Step 7　將布丁液倒入步驟4的鋁箔杯裡，大約8～9分滿。

Step 8　先將炸籃以180℃預熱3分鐘，再放入蛋塔，以160℃炸25分鐘，就完成了。

蝴蝶酥

這個用酥皮做成的蝴蝶酥，
超簡單、超好吃，卻也超邪惡，
小心一吃就停不下來！

180℃　8min
 180℃　7min

材料

* 冷凍酥皮 …… 3片
* 水 …… 適量
* 細砂糖 …… 適量
* 麵粉 …… 少許

作法

Step1 　將冷凍酥皮取出，在室溫稍微放軟後，在第一片酥皮上刷點水、撒上砂糖、蓋上第二片酥皮，一樣刷水撒糖後，放上第三片酥皮。

Step2 　在酥皮表面撒點麵粉，稍微擀壓一下，讓三片酥皮更密合。

Step3 　將酥皮先從左右兩邊往內摺入，再對摺成條狀，放入冰箱冷凍10分鐘，方便切塊。

Step4 　將酥皮以約1公分的寬度，切成約12塊。

Step5 　將酥皮每塊雙面沾糖後，放入炸籃，以180℃炸8分鐘，取出翻面，再炸7分鐘就完成了。

TIPS! 酥皮氣炸過後會長大長胖，注意別放太密，可以分成兩次炸。

TIPS! 可以隨個人喜好變換口味，將砂糖改成花生醬或巧克力醬，也很好吃。

芋頭酥

只要會做芋頭泥，就能自行搭配創造出很多變化，
除了可以做成這道芋頭酥外，
還可以做成p.80的香酥芋頭鴨喔！

材料

* 冷凍酥皮 …… 適量
* 全蛋 …… 1顆

〔芋泥餡〕

☆ 芋頭（去皮切塊）…… 300g
☆ 砂糖 …… 70g
☆ 無鹽奶油 …… 30g
☆ 牛奶 …… 30g

 200℃　 10min

作法

Step1　製作芋泥。將芋頭去皮切塊後放入電鍋（內鍋不用加水），外鍋倒入1.5米杯水蒸熟（水量可視芋頭的狀況增減）。完成後趁芋頭還熱熱的情況下加入砂糖、無鹽奶油和牛奶，用調理機或果汁機攪打成均勻泥狀即可。

Tips1　芋頭蒸完後，可用筷子測試一下，如果能輕鬆穿透芋頭，就代表ok了，若覺得不夠鬆，外鍋加半米杯水再蒸一次。

Tips2　沒用完的芋泥可以放於冰箱冷凍保存，並在3個星期內用完。

Tips3　這個食譜的芋泥分量大約可做成20～30個芋頭酥，可一次製作好放在冷凍庫保存。

Step2　將冷凍酥皮放在室溫約3～5分鐘軟化，分切一半，放上適量的芋泥再對折包起，用手指按壓兩側讓酥皮密合。

Step3　用叉子在兩邊壓出凹痕，變化造型。

Step4　將芋頭酥放入鋪有烘焙紙的炸籃，再刷上一層蛋液，以200℃炸10分鐘，不用翻面，完成。

起酥鮭魚

像麵包的起酥鮭魚超級讚,當作早餐或點心都是最佳選擇。
沒試過你會後悔!好吃到上天堂了!
絕對讓你停不下來。

200℃　8-10min

材料

* 冷藏鮭魚(切小塊) ⋯⋯ 約10塊
* 冷凍酥皮 ⋯⋯ 5片
* 海鹽 ⋯⋯ 適量
* 黑胡椒粉 ⋯⋯ 適量
* 全蛋 ⋯⋯ 1顆
* 黑芝麻 ⋯⋯ 適量

作法

Step 1　將冷凍酥皮放在室溫約3～5分鐘軟化,分切一半。

Step 2　在鮭魚塊表面撒上海鹽、黑胡椒粉,再放在酥皮上捲起。

Step 3　將起酥鮭魚放入鋪有烘焙紙的炸籃,再刷上一層蛋液、撒上黑芝麻,以200℃炸8～10分鐘,不用翻面,就完成了。

生活樹系列 076

愛上氣炸鍋 100 天

椒麻雞・蜜汁叉燒・紙包魚・戚風蛋糕，天天開炸也不膩的 100 道美味氣炸鍋料理

作　　　者	人愛柴
攝　　　影	王正毅
總　編　輯	何玉美
主　　　編	紀欣怡
助 理 編 輯	李睿薇
封 面 設 計	比比司設計工作室
內 文 排 版	比比司設計工作室

出 版 發 行	采實文化事業股份有限公司
業 務 發 行	張世明・林踏欣・林坤蓉・王貞玉
國 際 版 權	鄒欣穎・施維真・王盈潔
印 務 採 購	曾玉霞・謝素琴
會 計 行 政	李韶婉・許俽瑀・張婕莛
法 律 顧 問	第一國際法律事務所 余淑杏律師
電 子 信 箱	acme@acmebook.com.tw
采 實 官 網	www.acmebook.com.tw
采 實 臉 書	http://www.facebook.com/acmebook01

I S B N	978-986-507-030-4
定　　　價	360 元
初 版 一 刷	2019 年 9 月
初版十九刷	2023 年 8 月
劃 撥 帳 號	50148859
劃 撥 戶 名	采實文化事業有限公司
	104 台北市中山區南京東路二段 95 號 9 樓
	電話：（02）2511-9798　傳真：（02）2571-3298

國家圖書館出版品預行編目（CIP）資料

愛上氣炸鍋 100 天：椒麻雞・蜜汁叉燒・紙
包魚・戚風蛋糕，天天開炸也不膩的 100 道
美味氣炸鍋料理 / 人愛柴作 . -- 初版 . -- 臺
北市：采實文化，2019.09
　面；　公分
ISBN 978-986-507-030-4(平裝)

1. 食譜

427.1　　　　　　　　　　1080J1166

采實出版集團
ACME PUBLISHING GROUP